Qualitätsmanagement: Begriffe und Definitionen

Qualitätsmanagement: Begriffe und Definitionen

TÜV SÜD Akademie GmbH

ISBN 978-3-00-026708-6

9. überarbeitete Auflage 2012

Printed in Germany

Um wachsenden Kundenanforderungen gerecht zu werden, müssen die Wertschöpfungsprozesse und die Qualität der Produkte und Dienstleistungen im Vordergrund eines Unternehmens stehen. Ihre Optimierung ist eine unabdingbare Voraussetzung für ein erfolgreiches Auftreten am Markt. Ein gut funktionierendes Qualitätsmanagementsystem bildet die Grundlage dafür.

Eine einheitliche Terminologie ist die Basis jeder Fachdiskussion, die für den Aufbau und die Weiterentwicklung jedes Managementsystems elementar ist. Das gemeinsame Verständnis von Fachbegriffen und Definitionen erleichtert das Gespräch zwischen den Mitarbeitern, aber auch zwischen dem Unternehmen und seinen Kunden.

Die Neuauflage soll Ihnen in bewährter Form Sicherheit im Umgang mit den Fachbegriffen geben. Sie bietet dazu einen branchenübergreifenden Überblick über die wichtigsten Begriffe und Abkürzungen im Qualitätsmanagement und in den Qualitätsmethoden.

Die überarbeitete Version unseres Buches basiert auf den zentralen Begriffsnormen DIN EN ISO 9000 und DIN 55 350, deren Ziel die Vereinheitlichung der Fachsprache im Qualitätsmanagement und in der Statistik ist. Gleichzeitig trägt die Überarbeitung der dynamischen Weiterentwicklung der Fachbegriffe im Qualitätsmanagement Rechnung.

Dieses Buch wurde in erster Linie als Nachschlagewerk konzipiert, d.h. die schnelle und gezielte Information zu einem Thema steht im Vordergrund. Weiterführende Informationen und Umsetzungshilfen erhalten Sie in unserer Qualitätsmanagementausbildung und den zugehörigen Schulungsunterlagen.

Ich wünsche Ihnen gutes Gelingen.

Andreas Lindt
Produktmanagement
TÜV SÜD Akademie GmbH

„Verstehen wird leichter und Missverständnisse können reduziert werden", dies ist der Grundgedanke dieses Buches.

Es soll eine Hilfe für diejenigen sein, die sich erstmalig mit Themen des Qualitätsmanagements beschäftigen – wie auch ein Nachschlagewerk für alle, die bereits im Qualitätsmanagement tätig sind. Hierbei freue ich mich, dass wir den Nutzern dieses Lexikons nun auch verstärkt Klarheit zu Abkürzungen und Begriffen aus dem Bereich von Six Sigma geben können. Für die Beiträge hierzu danke ich ganz besonders Herrn Stefan Drossart.

Branchenübergreifend soll es Produktionsunternehmen und Dienstleistern gleichermaßen gerecht werden. Als Grundlage dienen die Normenfamilie im Bereich Qualitätsmanagement sowie Erfahrungen aus der Praxis von Audits, Beratung und Schulung. Ergänzend zu den Begriffsnormen werden auch branchenspezifische QM-Standards (z. B. ISO/TS 16949), Begriffe aus Business Excellence (z. B. EFQM) und Management-Modellen wie beispielsweise Six Sigma erklärt.

Diese Publikation soll eine umfassende Übersicht über die gängigsten Begriffe bieten. Deshalb wurde darauf verzichtet, spezielle Begriffe, die ausschließlich in einzelnen Branchen zum Sprachgebrauch des Qualitätsmanagements gehören, aufzunehmen. Begriffe, die aus Sicht der Autorin selbsterklärend sind oder zum allgemeinen Sprachschatz gehören, wurden nicht zusätzlich erläutert. Vielmehr war es ein Anliegen, den Bezug zu den jeweils gültigen Normen und Standards herzustellen.

Der Vollständigkeit der QM-Begrifflichkeiten halber wurden gültige Normen oder Standards wie beispielsweise im Umweltmanagement, im Risikomanagement, in der Arbeitssicherheit, im Bereich der Medizinprodukte oder Telekommunikation genannt, ohne auf deren spezielle Begriffe einzugehen oder diese im Detail zu erläutern.

Die Interpretation und Verwendung der Begriffe befindet sich in einem ständigen Wandel, so dass Erklärungen und Erläuterungen keinen Anspruch auf absolute Richtigkeit erheben. Mit Erscheinen der DIN EN ISO 9001:2008 wurden die wesentlichen begrifflichen Änderungen berücksichtigt und mit entsprechenden Quellenverweisen versehen. Die Änderungen der Akkreditierung, die neue Ausrichtung der DIN ISO 9004, die revidierte Version 2010 des EFQM-Modells und der RADAR-Logik, die überarbeiteten Begriffe der DIN 55350-11 sowie die Aktualisierungen der ISO/TS 16949:2009 wurden ab 2011 eingearbeitet. In der aktuellen Auflage wurden neben sprachlichen Anpassungen insbesondere die Änderungen der DIN EN ISO 19011:2011, die im Dezember 2011 erschienen ist, berücksichtigt.

Dieses Buch ist mit Unterstützung von Praktikern aus Beratung, Auditierung, Zertifizierung und Schulung entstanden. Mein ganz besonderer Dank gilt Herrn Thomas Reuter (TÜV SÜD Management Service), Herrn Ottmar Walter (TÜV Technische Überwachung Hessen) und Herrn Jörg Ohst (HMC, Beratungs- und Schulungsgesellschaft für Managementsysteme).

München, 28. Dezember 2011

Ulrike Vogt

8D-Report

Dokument im Rahmen des Reklamationsmanagements. Es wurde vom VDA standardisiert und findet vorwiegend in der Automobil-(zuliefer-)industrie Anwendung. Der 8D-Report beinhaltet neben der Art der Reklamation auch die Verantwortlichkeiten und Maßnahmen zur Behebung des Fehlers. Die 8D-Problemlösungsmethodik zwingt zu einer systematischen Vorgehensweise und konsequenten Dokumentation der Lösungsschritte. Damit können Fehlerursachen erkannt und behoben werden. Der Prozess beinhaltet folgende acht Schritte (D=Disciplines): Zusammenstellung des Teams für die Problemlösung, Problembeschreibung, Festlegung von Sofortmaßnahmen, Feststellung der Fehlerursachen, Planung von Korrekturmaßnahmen, Einführung der Maßnahmen, Verhinderung von Wiederholungsfehlern, Würdigung der Teamleistung.

a.a.R.d.T.

Siehe Allgemein anerkannte Regeln der Technik.

A2LA

American Association for Laboratory Accreditation.

AAI

Average Amount of Inspection. Mittlerer Prüfumfang.

ABC-Analyse

Betriebswirtschaftliches Verfahren zur Unterstützung der Planung und Entscheidungsfindung. Objekte oder Faktoren des betrieblichen Handelns werden mit bestimmten Methoden oder Schemata der Klassifizierung nach ihrer Wertigkeit/Wichtigkeit abgestuft und A-, B- oder C-Objekten zugeordnet. So erhält man z. B. ein Bild über den Umsatzanteil wichtiger Kunden oder den Anteil am Lagerbestand, den hochwertige Produkte ausmachen. Die ABC-Analyse erlaubt ein grobes Bild der IST-Situation und dient als Basis zur genaueren Analyse von Problemstellen.

ABC-XYZ-Analyse

Die XYZ-Analyse bedeutet in der Materialwirtschaft zunächst eine Klassifizierung von Beschaffungsobjekten hinsichtlich ihrer Verbrauchseigenschaften (z. B. regelmäßig, saisonal bedingt, unregelmäßig). Generell wird im Unterschied zur ABC-Analyse nicht nach Wertigkeit klassifiziert, sondern nach anderen Kriterien (z. B. erforderlicher mengenmäßiger Material- oder Ressourceneinsatz: hoch, mittel, niedrig). Um die Effizienz einer reinen ABC-Analyse oder einer reinen XYZ-Analyse zu verbessern, kombiniert man beide zu einer ABC-XYZ-Analyse. So wird sichtbar, dass beispielsweise geringerwertige Artikel einen hohen Anteil am Lagerbestand ausmachen und zugleich einen hohen Einsatz an Ressourcen zu ihrer Lagerung verlangen. Der Vorteil dieser Analysemethode liegt darin, dass sie auf wenige Dimensionen beschränkt bleibt und so vergleichsweise einfach Schwachstellen erkennen lässt, die dann detaillierter betrachtet werden können. Siehe ABC-Analyse, XYZ-Analyse.

Abfall

Stoff, Gegenstand oder alle beweglichen Sachen, deren sich der Besitzer entledigt, entledigen will oder entledigen muss, so dass eine Verwendung für den ursprünglichen Zweck nicht mehr möglich ist. Das Abfallrecht unterscheidet gefährliche Abfälle, nicht gefährliche Abfälle, Abfälle zur Verwertung und Abfälle zur Beseitigung. Beispiele: Ausschuss, Produktionsrückstände, Schrott, Altöle. (In Anlehnung an DIN 55350-11)

Ablaufdiagramm

Veranschaulichung von Abläufen, Darstellung von Prozessen und Tätigkeiten.

Ablauforganisation

Gestaltung und Aufrechterhaltung aller Prozesse und Abläufe einer Organisation. Die Ablauforganisation regelt die zeitliche und räumliche Abwicklung aller Aktivitäten und ihre wechselseitigen Abhängigkeiten. Die Aufgabe der Ablauforganisation besteht darin, Ressourcen (Raum, Zeit, Sachmittel, Personen) im Unternehmen sinnvoll zu gestalten und so zu verteilen, dass die Aufgaben optimal erfüllt werden können. Aufbau- und Ablauforganisation bilden zusammen die Betriebs- oder Unternehmensorganisation.

Ablaufprüfung

Zwischenprüfung an einer Tätigkeit oder einem Prozess anhand der Merkmale der Tätigkeit oder des Prozesses.

Anmerkung 1: Die Ablaufprüfung anlässlich einer probeweisen Durchführung einer Tätigkeit oder eines Prozesses während der Planung dieser Tätigkeit oder dieses Prozesses heißt auch „Probe-ablaufplanung". (DGQ-Band 11-04:2009)

Ablieferungsprüfung

Annahmeprüfung, die vor Ablieferung eines Produkts durchgeführt wird. Sie dient dem Nachweis, dass die Anforderungen oder technischen Lieferbedingungen eingehalten werden. Diese Prüfung kann auch zeitgleich mit der Endprüfung erfolgen. Für die Ablieferungsprüfung ist (sofern keine anderslautenden Vereinbarungen vorliegen) der Auftragnehmer verantwortlich. Dieser kann sowohl interner als auch externer Auftragnehmer sein. (In Anlehnung an DIN 55350-17)

Abnahmeprüfung

Annahmeprüfung auf Veranlassung und unter Beteiligung des Kunden bzw. Auftraggebers oder seines Beauftragten. (DGQ-Band 11-04:2009)

Abschlussgespräch

Das Abschlussgespräch findet nach der Durchführung eines Audits statt und fasst die Auditergebnisse (inkl. der Auditschlussfolgerungen) zusammen. Es hat folgende Inhalte: Zusammenfassung der Feststellungen, Hinweis auf Stichprobencharakter, Erwähnung positiver Feststellungen, Beobachtungen, Empfehlungen und Abweichungen, Klärung von Missverständnissen, Dokumentation eventueller Meinungsverschiedenheiten, Auditschlussfolgerungen und ggf. Vereinbarungen, Diskussion über Art, Termin und Verantwortlichkeiten von Korrektur- und Verbesserungsmaßnahmen.

Abweichung

Absolute Differenz zwischen einem Beobachtungswert oder Merkmalsbetrag und einem Bezugswert oder geeigneten Mittelwert der Gesamtheit. (In Anlehnung an DIN 55350-12)

Abweichungsgenehmigung

Genehmigung, von den anfänglich an ein Produkt gestellten Anforderungen abzuweichen. Diese Erlaubnis wird vor der Produktrealisierung erteilt. Sie wird normalerweise auf eine bestimmte Menge eines Produkts oder eine bestimmte Zeitspanne und für einen bestimmten Gebrauch begrenzt. (In Anlehnung an DIN EN ISO 9000:2005).

Abweichungsgrenzbetrag

Betrag der unteren Grenzabweichung oder der oberen Grenzabweichung unabhängig davon, ob deren Beträge gleich sind oder sich unterscheiden. (DGQ-Band 11-04:2009)

AC

Acceptance Number. Siehe Annahmezahl.

Acht Grundsätze des Qualitätsmanagements

Siehe Grundsätze des Qualitätsmanagements.

Acht Verschwendungen

Siehe Muda.

Affinitätsdiagramm

Das Affinitätsdiagramm (auch Verwandtschaftsdiagramm) ist ein Managementwerkzeug (M 7), um (künftige) Probleme zu bearbeiten. Es wird besonders dann angewendet, wenn die vorliegenden Informationen intransparent und ungeordnet sind. Affinität bedeutet, dass die vorliegenden Daten verglichen und in Gruppen eingeteilt werden, die inhaltlich zusammengehören. Diese Cluster erhalten einen Oberbegriff und werden in Bezug auf ihre Problemrelevanz bewertet. Somit entsteht ein geordneter, übersichtlicher Pool von Fakten.

AFNOR

Association Française de Normalisation. Offizielle französische Stelle für die Normung.

Agenda 21

Entwicklungs- und umweltpolitisches Aktionsprogramm für das 21. Jahrhundert. 1992 wurde auf der „Konferenz für Umwelt und Entwicklung der Vereinten Nationen" (UNCED) dieses Leitpapier zur nachhaltigen Entwicklung von mehr als 170 Staaten in Rio de Janeiro beschlossen. Mittlerweile gilt die Agenda 21 (nachhaltige Entwicklung) auch als Leitlinie öffentlichen Handelns.

AIAG

Automotive Industry Action Group. Verband der Automobilindustrie in den USA mit Sitz in Michigan.

Akkreditierung

Bestätigung durch eine anerkennende Stelle (Akkreditierungsstelle), dass eine Organisation (Konformitätsbewertungsstelle) nachweislich die Anforderungen erfüllt, um Konformitätsbewertungen (z. B. Prüfung, Inspektion, Zertifizierung von Managementsystemen, Personen und Produkten) durchzuführen. Der Begriff „Akkreditierung" leitet sich vom lateinischen Wort „accredere" ab, was so viel bedeutet wie „Glauben schenken". (In Anlehnung an DIN EN ISO/IEC 17000:2005)

In Deutschland werden seit dem 01.01.2010 alle Akkreditierungsaufgaben bei der DAkkS (Deutsche Akkreditierungsstelle GmbH) gebündelt.

Akkreditierungsstellengesetz

Gesetz über die Akkreditierungsstelle vom 01.08.2009. Hier werden u.a. die Aufgaben und Befugnisse der nationalen Akkreditierungsstelle und des Akkreditierungsbeirats geregelt. Grundlage ist die Verordnung (EG) Nr. 765/2008, die vorsieht, dass innerhalb der EU in jedem Mitgliedsstaat zum 01.01.2010 jeweils eine einzige nationale Akkreditierungsstelle errichtet wird.

AkkStelleG

Gesetz über die Akkreditierungsstelle. Siehe Akkreditierungsstellengesetz.

Aktives Zuhören

Siehe Non-direktives Gesprächsverhalten.

Akzeptables Risiko

Siehe Grenzrisiko.

Allgemein anerkannte Regeln der Technik

Technische Regeln für die Entwicklung und die Ausführung von baulichen Anlagen oder technischen Objekten. Diese Regeln gelten aus wissenschaftlicher Sicht als theoretisch richtig und werden in der Praxis angewandt. Sie gehen über die gültigen technischen Vorschriften und Normen hinaus.

Anbietererklärung

Auch Lieferantenerklärung: Nach einem festgelegten Verfahren durch einen Lieferanten gegebene schriftliche Erklärung, dass eine von ihm zu liefernde, noch nicht realisierte Einheit die Qualitätsforderung erfüllen wird, oder eine bereits realisierte Einheit die Qualitätsforderung erfüllt, oder beides der Fall ist. (DGQ-Band 11-04:2009)

Andon

Zentrale Anzeigetafel für den Fehlerort und visuelle Kontrolle. Die Farbe des Lichts auf der Anzeigetafel gibt an, ob der Betrieb normal läuft (grün), der Betrieb (das Band) kurz angehalten werden muss (gelb) oder ob ein Betriebs-(Band)stopp erforderlich ist (rot). Das Signal (Farbe des Lichts) lösen die Mitarbeiter aus, die einen Fehler entdecken. Japanische Qualitätstechnik.

ANFIA

Associazione Nazionale Filiera Industria Automobilistica. Verband der italienischen Automobilindustrie mit Sitz in Turin, Italien. www.anfia.it

Anforderung

Festgelegte, meist vorausgesetzte oder verpflichtende Erwartung oder Erfordernis. (In Anlehnung an DIN EN ISO 9000:2005)

Annahme

Feststellung, dass die Kriterien für die Annehmbarkeit des Prüfloses erfüllt sind. (DGQ-Band 11-04:2009)

Annahmeprüfung

Qualitätsprüfung zur Feststellung, ob ein Produkt, wie bereitgestellt oder geliefert annehmbar ist. (DGQ-Band 11-04:2009)

Annahmestichprobenplan

Verfahren, das auf statistischen Grundlagen basiert. Danach wird ermittelt, ob ein Los angenommen wird oder nicht.

Annahmewahrscheinlichkeit

Wert, der angibt, mit welcher Wahrscheinlichkeit ein Prüflos aufgrund einer Stichprobenanweisung angenommen wird. Je höher die Qualitätslage eines Prüfloses, desto höher auch die Annahmewahrscheinlichkeit. Die Kurzbezeichnung in der Statistik für Annahmewahrscheinlichkeit lautet „Pa“. (In Anlehnung an DIN 55350-31)

Annahmezahl

Maximale Anzahl fehlerhafter Einheiten oder maximale Anzahl von Fehlern in einer Stichprobe, bei der ein Prüflos noch angenommen wird. Dies betrifft Stichprobenanweisungen zur Attributprüfung. (In Anlehnung an DIN 55350-31)

Annehmbare Qualitätsgrenzlage

Maximaler Prozentsatz fehlerhafter Einheiten in der Stichprobe eines Prüfloses. Die Kurzbezeichnung lautet AQL für „Acceptable Quality Level". (In Anlehnung an DIN 55350-31)

ANOVA

= **A**nalysis **o**f **V**ariance

= Analyse von Varianzen

Statistikwerkzeug im Bereich der Hypothesentests, um mehr als zwei Mittelwerte gleichzeitig miteinander zu vergleichen.

Innerhalb des Six Sigma DMAIC-Zyklus wird die ANOVA hauptsächlich in der Analyse- und Improve-Phase eingesetzt, um wichtige Eingangsvariablen auf einen Prozess statistisch zu bestätigen. Beispiel: Fragestellung für ANOVA: Haben Lieferant A, B, C, D ... die gleiche mittlere Lieferzeit?

ANSI

American National Standards Institute, Washington D.C.

Ansprechschwelle

Kleinste Änderung des Messwertes der Eingangsgröße, die zu einer erkennbaren Änderung des Messwertes der Ausgangsgröße eines Messgeräts führt. (DGQ-Band 11-04:2009)

Anspruchsklasse

Wertmaß oder Rangstufe, die die unterschiedlichen Qualitätsanforderungen an Produkte, Prozesse oder Systeme mit demselben funktionellen Gebrauch beschreibt. Beispiel: Hotelkategorie nach Sternen oder Klassen bei Flugscheinen (z. B. First-, Business- oder Economy Class). (In Anlehnung an DIN EN ISO 9000:2005)

AOQ

Average Outgoing Quality. Siehe Durchschlupf.

AOQL

Average Outgoing Quality Level. Siehe Maximaler Durchschlupf.

APC
Automatic Process Control.

APQP
Advanced Product Quality Planning: Vorausplanung der Produktqualität in der Automobil(zuliefer)industrie.

AQAP
Allied Quality Assurance Publications. Standards der NATO für Qualitätssicherungssysteme. Sie enthalten Anforderungen an Unternehmen, die Produkte im militärischen Bereich liefern.

AQL
Acceptable Quality Level. Siehe Annehmbare Qualitätsgrenzlage.

Arbeitsanweisung
Siehe Dokument.

Arbeitsgenauigkeit
Durch die Fertigungseinrichtung bedingte Fertigungsgenauigkeit. (DGQ-Band 11-04:2009)

Arbeitsschutz
In der EU durch einheitliche Richtlinien geregelt, die von den Mitgliedsstaaten in nationales Recht umzusetzen sind. Zum Arbeitsschutz gehören sichere Arbeitsbedingungen (z. B. Helmpflicht), der Gesundheitsschutz (Vermeidung chronischer Erkrankungen oder Schädigungen durch Gefahrstoffe, Lärm usw.) und personenbezogener Schutz (Mutterschutz, Jugendschutz). Grundlage ist das „Gesetz über die Durchführung von Maßnahmen des Arbeitsschutzes zur Verbesserung der Sicherheit und des Gesundheitsschutzes der Beschäftigten bei der Arbeit“. (ArbSchG vom 07.08.1996)

Arbeitsschutzmanagement
Alle koordinierten Tätigkeiten und Maßnahmen zur Etablierung, dauerhaften Gewährleistung oder Verbesserung des Arbeitsschutzes. Dabei obliegt dem Arbeitsschutzmanagement vor allem die Erfüllung zahlreicher gesetzlicher Anforderungen, nach denen geeignete technische, organisatorische und personenbezogene Maßnahmen anzuwenden sind, die die Sicherheit und den Gesundheitsschutz der Beschäftigten bei der Ausübung ihrer Tätigkeit sichern und verbessern.

Arbeitsumgebung

Umgebungsbedingungen am Arbeitsplatz. Hierbei kann es sich um physikalische Bedingungen wie beispielweise Temperatur, soziale Bedingungen wie Arbeitszeiten, psychologische Bedingungen wie Arbeitsklima oder Umweltfaktoren handeln. (In Anlehnung an DIN EN ISO 9000:2005)

ARIS

Architektur integrierter Informationssysteme: Rahmen zur Gestaltung und Darstellung von Geschäftsprozessen und Informationssystemen in Unternehmen.

Arithmetischer Mittelwert

Einfacher statistischer Kennwert (Mittel, Durchschnitt). Er wird durch Berechnung des arithmetischen Mittels aus allen Werten einer Stichprobe (Summe aller Werte geteilt durch Anzahl der Werte) gebildet. Das arithmetische Mittel ist anfällig für „Ausreißer" (einzelne Werte einer Stichprobe, die stark vom Durchschnitt abweichen). Daher ist es sinnvoll, die Kennzeichnung einer Stichprobe unter Heranziehung weiterer Streuungs- und Lagemaße vorzunehmen.

ARL

Average Run Length. Mittlere Zahl der Stichproben.

ASM

Siehe Arbeitsschutzmanagement.

ASQ

American Society for Quality, Milwaukee, U.S.A.

ASQC

American Society for Quality Control. Früherer Name der ASQ.

ASTM International

American Society for Testing and Materials, Pennsylvania, U.S.A.

ATI

Average Total Inspected. Geprüfter Gesamtdurchschnitt.

Attributive Daten

Siehe Qualitative Daten.

Attributprüfung

Annahmestichprobenprüfung: Aufgrund der festgestellten Anzahl fehlerhafter Einheiten oder Anzahl der Fehler in einer Stichprobe wird entschieden, ob das Prüflos angenommen werden kann oder nicht. (In Anlehnung an DIN 55350-31)

Audit

Systematische, formale, unabhängige und dokumentierte Untersuchung, um zu bewerten, inwieweit Anforderungen an ein System, einen Prozess oder ein Produkt erfüllt werden. Der Begriff „Audit" leitet sich vom lateinischen Wort „audire" ab, was so viel bedeutet wie „hören". Die DIN EN ISO 19011 (Leitfaden zur Auditierung von Management-Systemen) unterscheidet zwischen internen und externen Audits. Interne Audits werden durch eine Organisation selbst durchgeführt (auch „Selbstbewertung") – beispielsweise zur Managementbewertung oder als Grundlage einer Konformitätserklärung des Unternehmens. Die Unabhängigkeit kann in diesem Fall sichergestellt werden, indem der oder die Auditoren keine Verantwortung für den zu auditierenden Bereich haben oder keine Interessenkonflikte vorhanden sind. Interne Audits werden auch als „Erstparteien-Audits" bezeichnet. Externe Audits werden auch als „Zweit-" oder „Drittparteien-Audits" benannt. Unter Zweitparteien-Audits werden beispielsweise Audits von Kunden verstanden (Lieferantenaudits). Drittparteien-Audits sind Audits von unabhängig auditierenden Organisationen wie beispielsweise Zertifizierungs- oder Akkreditierungsgesellschaften. Unter dem Begriff „kombiniertes Audit" oder „Kombi-Audit" wird die gemeinsame Auditierung von zwei oder mehreren Standards verstanden (z. B. Qualitäts- und Umweltmanagementsysteme). Als „gemeinschaftliches Audit" wird die Auditierung einer Organisation im Rahmen der Zusammenarbeit von zwei oder mehreren Auditorganisationen bezeichnet. Unter Remote-Audit versteht man die Befragung über interaktiven Kommunikationsmittel (z.B. Videokonferenz). (In Anlehnung an DIN EN ISO 19011:2011)

Auditarten

Charakter eines Audits. Es gibt viele firmenspezifische Auditarten. Üblicherweise wird unterschieden nach Erst-, Zweit- oder Drittparteien-Audits (First-, Second-, Third-Party Audits) und nach System-, Prozess- oder Produktaudits.

Auditauftraggeber

Partei (Organisation oder Person), die ein Audit beauftragt. Auditauftraggeber kann für interne Audits auch die zu auditierende Organisation sein. Externe Audits können von anderen Organisationen (z.B. Behörden, Vertragspartner, potenzielle Auftraggeber) angefragt werden. (In Anlehnung an DIN EN ISO 19011:2011)

Auditbericht

Bericht, der die Ergebnisse eines Audits enthält. Die Ergebnisse werden i.d.R. nach dem Audit an den Auftraggeber übergeben. Der Bericht enthält Auditziele und Auditumfang, Auditnummer mit Datum, auditierte Stelle, Auftraggeber, Art des Audits, Auditgrundlage, Teilnehmer des Audits, Auditbeauftragter, Auditor, Auditorenteam, Auditfeststellungen, Auditschlussfolgerungen, Hinweis auf Nachaudit, zusammenfassende Bewertung, Unterschrift des leitenden Auditors und Datum.

Auditfeststellung

Ergebnis des Vergleichs von Auditkriterien (Soll-Zustand) mit den Auditnachweisen (Ist-Zustand). Eine Auditfeststellung kann entweder die Übereinstimmung (Konformität) mit den Auditkritierien oder Abweichungen (Nichtkonformität) bzw. Verbesserungspotenzial (Konformität) aufzeigen. (In Anlehnung an DIN EN ISO 19011:2011)

Auditfragetechnik

Fragetechnik im Audit – hier geht es um die Frage, wie der Auditor Menschen zum Sprechen bringt: Offene Fragen (W-Fragen) bringen viele Informationen und sind zu bevorzugen. Suggestivfragen können das Gesprächsklima verhärten und Alternativfragen ermöglichen ausweichende Antworten. Bei geschlossenen Fragen sind die Antwortmöglichkeiten eingeschränkt und der Auditierte kann die Antwort nicht frei gestalten. Problematisch sind Kettenfragen. Der Gesprächspartner wird mit Fragen überflutet, sucht sich die einfachste aus und geht auf die anderen nicht mehr ein.

Auditierte Organisation

Organisation, in der ein Audit durchgeführt wird. (In Anlehnung an DIN EN ISO 19011:2011)

Auditkriterien

Kriterien, die für ein Audit herangezogen werden. Unter Kriterien werden Verfahren, Vorgehensweisen oder Anforderungen verstanden, die als Referenz oder Bezugsgrundlage für ein Audit dienen. Die betriebliche Praxis (Ist-Zustand) wird mit diesen Vorgaben (Soll-Zustand) verglichen. (In Anlehnung an DIN EN ISO 19011:2011)

Auditleiter

Auditor, der als Leiter des Auditteams eingesetzt wird. Er trägt die Gesamtverantwortung für das Audit. Die wesentlichen Aufgaben eines Audit(team)-Leiters sind: Auditplanung und Ressourceneinsatz im Audit, Vertretung des Auditteams gegenüber dem Auftraggeber und der zu auditierenden Organisation, Bildung des Auditteams und Aufgabenzuordnung, Leitung des Auditteams, um objektive Auditergebnisse zu sammeln und Auditschlussfolgerungen zu ziehen, Verhinderungen bzw. Lösung von Konflikten bis hin zum Abbruch des Audits, wenn keine Unterstützung durch den zu auditierenden Bereich gegeben ist, Zeitmanagement für die Durchführung des Audits und Erstellung des Auditberichts sowie der Abweichungsberichte.

Auditmanagement

Steuerung des Einsatzes von kompetenten Auditoren in den unterschiedlichen Auditarten und die Überprüfung der Wirksamkeit des Auditwesens.

Auditnachweis

Objektive Informationen in Form von Aufzeichnungen oder Tatsachenfeststellungen (Ist-Zustand), die im Rahmen eines Audits gesammelt werden und im Hinblick auf die Auditkriterien (Soll-Zustand) relevant sind. (In Anlehnung an DIN EN ISO 19011:2011)

Auditor

Person, von der ein Audit durchgeführt wird. (In Anlehnung an DIN EN ISO 19011:2011)

Auditplan

Detaillierte Festlegung des Auditablaufs und der Tätigkeiten für ein Audit. Ein Auditplan dient dazu, die Auditziele, den Auditumfang, die Auditoren und die zu auditierenden Bereiche bzw. Personen zu definieren. (In Anlehnung an DIN EN ISO 19011:2011)

Auditprinzipien

Prinzipien, die die Grundlage für ein wirksames Audit bilden. Die DIN EN ISO 19011 nennt folgende sechs Prinzipien: Integrität, sachliche Darstellung, angemessene berufliche Sorgfalt, Vertraulichkeit, Unabhängigkeit und nachweisbasierte Vorgehensweise. (In Anlehnung an DIN EN ISO 19011:2011)

Auditprogramm

Ein oder mehrere Audits, die für einen bestimmten Zeitraum und einen speziellen Zweck geplant werden. Ein Auditprogramm beinhaltet auch die Planung (inklusive der Ressourcen), Organisation und Durchführung von Audits. (In Anlehnung an DIN EN ISO 19011:2011)

Auditprotokoll

Dokumentation aus Audits: z. B. ausgefüllte Checklisten oder handschriftliche Aufzeichnungen.

Auditschlussfolgerung

Ergebnis eines Audits, das Auditziele und Auditfeststellungen berücksichtigt. (In Anlehnung an DIN EN ISO 19011:2011)

Auditteam

Ein Auditteamleiter und ein oder mehrere weitere Auditoren bilden das Auditteam. Sie werden durch branchen- oder fachspezifische Experten unterstützt. Auch Auditoren in Ausbildung können das Auditteam ergänzen. (In Anlehnung an DIN EN ISO 19011:2011)

Auditumfang

Beschreibung von Ausmaß und Grenzen eines Audits wie beispielsweise Standorte, Organisationseinheiten, Prozesse, Tätigkeiten und Zeitraum. (In Anlehnung an DIN EN ISO 19011:2011)

Aufbauorganisation

Hierarchisches Gerüst bzw. Struktur einer Organisation. Die Aufbauorganisation regelt Zuständigkeiten, Aufgaben- und Ressourcenverteilung. Zur Aufbauorganisation gehören die Unternehmenshierarchie (Darstellung beispielsweise im Organigramm), die Struktur der Bereiche oder Abteilungen, der Stellenplan, die geografische Verteilung (Standorte, Niederlassungen) sowie die Beziehung zu verbundenen Unternehmen wie beispielsweise Tochter-, Mutter- oder Partnerfirmen. Aufbau- und Ablauforganisation bilden zusammen die Betriebs- oder Unternehmensorganisation.

Auflösung

Maß für die Differenz benachbarter Messwerte, die von einem Messgerät noch eindeutig unterschieden werden können. (In Anlehnung an DIN 1319-1)

Aufzeichnung

Nachweisdokument, das eine Situation (z. B. nach Ausführung einer Tätigkeit) oder ein erzieltes Ergebnis zu einem bestimmten Zeitpunkt widerspiegelt. Aufzeichnungen werden im Gegensatz zu Vorgabedokumenten nicht mehr verändert und unterliegen deshalb auch keinem Änderungsdienst. (In Anlehnung an DIN EN ISO 9000:2005)

Ausbeute

= Yield

Unter dem Begriff Ausbeute versteht man die Anzahl der Teile aus einer Produktion, welche als fehlerfrei in der Endkontrolle begutachtet werden. Dabei bleibt unberücksichtigt, ob fehlerhafte Produkte bereits während der Produktion nachgearbeitet wurden.

Ausfall

Beendigung der Fähigkeit einer Einheit, eine geforderte Funktion zu erfüllen. (IEC 60050)

Ausgegliederte Prozesse

Ausgewählte Prozesse, die die Organisation nicht selbst durchführt, sondern durch externe Partner ausführen lässt. Ausgegliederte Prozesse sind dadurch gekennzeichnet, dass sie für das Qualitätsmanagementsystem benötigt werden. Die Verantwortung für die Ergebnisse dieser Prozesse bleibt bei der Organisation. Sie muss dafür sorgen, dass auch die ausgegliederten Prozesse Kundenanforderungen sowie gesetzliche und behördliche Anforderungen erfüllen und sie deshalb angemessen lenken. (Vgl. auch DIN EN ISO 9001:2008)

Ausreißer

Istwert einer Stichprobe mit einer ungewöhnlich großen Abweichung von anderen, zufällig voneinander abweichenden Istwerten der Stichprobe. Diese Abweichung ist so groß, dass sie vermutlich aus einer anderen Grundgesamtheit stammt oder dass möglicherweise bei der Messung ein Fehler unterlaufen ist. (In Anlehnung an ISO 3534-1)

Ausschuss

Fehlerhaftes Produkt, das für den ursprünglich vorgesehenen Zweck nicht mehr verwendet werden kann und entsorgt werden soll. Die Entsorgung kann in Form von Recycling, Zerstörung oder Verschrottung erfolgen. Fehlerhafte Produkte, die beispielsweise aus wirtschaftlichen Gründen nicht nachgearbeitet werden, sind ebenfalls Ausschuss. (In Anlehnung an DIN 55350-11)

Auswertung

Auswahl, Analyse und Verdichtung von Daten.

Anmerkung 1: Die Auswahl von Daten dient häufig der Darstellung von Trends.

Anmerkung 2: Die Auswertung erlaubt häufig eine Priorisierung von Maßnahmen. (DGQ-Band 11-04:2009)

Awards

(Qualitäts-)Auszeichnungen. Siehe EFQM Excellence Award, Malcolm Baldridge National Quality Award, Ludwig-Erhard-Preis.

AZWV

Anerkennungs- und Zulassungsverordnung Weiterbildung. Verordnung des Bundesministeriums für Wirtschaft und Arbeit vom 16.06.2004, die die Anerkennung von Fachkundigen Stellen und die Zulassung von Bildungsträgern und Bildungsmaßnahmen regelt.

Balanced Scorecard

Ein von Robert Kaplan und David Norton entwickeltes Messinstrument zur Erlangung eines umfassenden Überblicks über die Leistungsfähigkeit und Effektivität eines Unternehmens. Ausgehend von der Vision (Leitbild der Unternehmensentwicklung) wird die strategische Weiterentwicklung des Unternehmens/der Organisation geplant. Dabei soll ein Gleichgewicht (Balance) zwischen den Perspektiven erreicht werden, unter denen der Erfolg eines Unternehmens gesehen werden kann: Finanz-, Prozess- und Kundenperspektive. Dazu kommt die auf die Lernfähigkeiten bezogene Potenzialperspektive. Die Scorecard selbst ist eine auf Kennzahlen gestützte „Simulation" der vernetzten Unternehmensaktivitäten, die es dem Einzelnen erlaubt, sein Handeln danach zu bewerten und strategiekonform zu agieren.

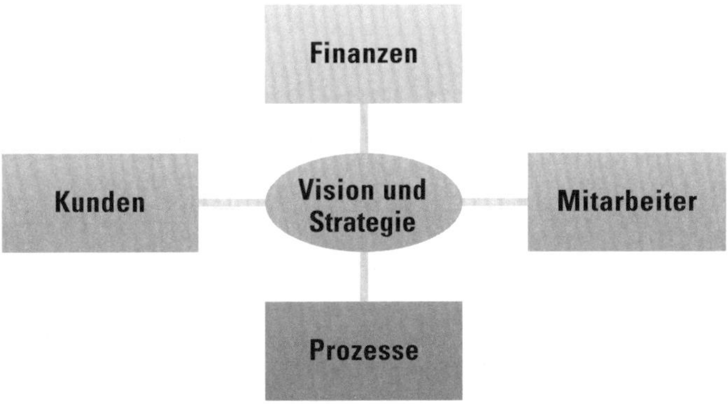

BAM

Bundesanstalt für Materialforschung und -prüfung, Berlin.

BAuA

Bundesanstalt für Arbeitsschutz und Arbeitsmedizin, Dortmund.

Bauartprüfung

Eignungsprüfung eines materiellen Endprodukts. Sie besteht aus einer Entwurfsprüfung und einer Typprüfung. (In Anlehnung an DIN 55350-17)

B

Baumdiagramm

Grafische Darstellung, die die Beziehungen zwischen einzelnen Elementen eines Netzwerkes zueinander mittels Verbindungslinien darstellt. Damit werden Verwandtschaften oder hierarchische Abhängigkeiten transparent. Die verästelte Struktur dieser Darstellung gibt dem Baumdiagramm seinen Namen. Das Baumdiagramm ist eines der sieben Managementwerkzeuge (M7).

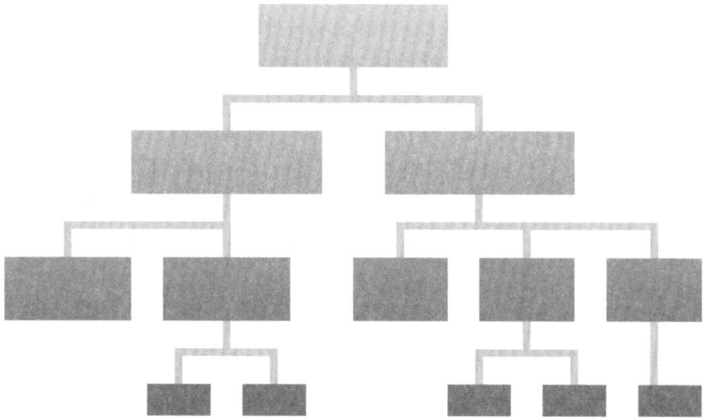

BCS

British Calibration Service.

BDE

Betriebsdatenerfassung: Sammelbegriff für die Erfassung von Daten in Betrieben.

Beherrschter Prozess

(Qualitäts-)Fähiger Prozess.

Die Kennzeichen sind:

- Der Prozess wird nicht mehr durch systematische Einflüsse beeinträchtigt.
- Die Messwerte streuen nur noch durch Zufallseinfluss.
- Die Verteilung der Messwerte ist über den Zeitablauf stabil.
- Das Ergebnis zukünftiger Messreihen ist vorhersagbar.
- Der Prozess liegt in der Toleranz und hat ausreichenden Sicherheitsabstand zu den Grenzwerten.

Benchmarking

Die vergleichende Prüfung von Produkten, Dienstleistungen oder Prozessen anhand selbst gesetzter (interner) oder vorgegebener (externer) Messwerte (benchmarks). Als Managementmethode meint Benchmarking eine Qualitätsprüfung im Hinblick auf führende Mitbewerber, um die eigene Wettbewerbssituation zu verbessern. Das kann technische Aspekte des Produkts betreffen, den Kundenservice oder auch die Präsentation des Unternehmens in seiner Umwelt. Ziel ist die Ermittlung einer „best practice" (die beste Art, etwas zu tun). Im weiteren Sinn meint Benchmarking jede Art des Lernens von Vergleichspartnern, etwa auch von branchenfremden Unternehmen.

Beschaffenheit

Alle Merkmale und Merkmalswerte einer Einheit. Die Norm DIN 55350-11 spricht in diesem Zusammenhang auch von inhärenten Merkmalen. Damit sind „einer Einheit innewohnende Merkmale" gemeint – im Gegensatz zu Merkmalen, die einer Einheit zugeordnet werden. So sind am Beispiel eines Schranks die Größe oder der Aufbau der Türblätter inhärente Merkmale während Preis und Liefertermin zugeordnete Merkmale sind. Der Begriff Beschaffenheit wird im Englischen gelegentlich auch mit „nature" übersetzt. (In Anlehnung an DIN 55350-11)

Beschwerdemanagement

Im Rahmen der Kundenorientierung werden damit alle Planungen, Strategien und Maßnahmen bezeichnet, welche die in Beschwerden artikulierte und dokumentierte Unzufriedenheit der Kunden für eine bessere Erreichung der Unternehmensziele nutzen. Mithin ist nicht die Reduzierung vorgebrachter Ersatzleistungsansprüche erstes Ziel, sondern die Umsetzung berechtigter Beschwerden in Verbesserungen von Produkten, Prozessen und Dienstleistungen.

Besondere Merkmale

Produktmerkmale oder Produktionsprozessparameter. Diese können sich auf Sicherheit, Einhaltung behördlicher Vorschriften, Passform, Funktion, Leistung oder die weitere Verarbeitung des Produkts auswirken. (In Anlehnung an ISO/TS 16949:2009)

Best Settings

= Optimale Einstellung

Der Begriff wird zur Klassifizierung der optimalen Einstellung der wichtigsten Eingangsvariablen (siehe auch: Red X) verwendet. Innerhalb des Six Sigma DMAIC-Zyklus wird dies in der Improve-Phase angewandt.

Beta-Test

Letzte Testphase eines Produktes vor Auslieferung an den Kunden oder Händler. Die Softwarebranche nutzt die Betatestphase, um Stabilität und Fehlerfreiheit möglichst preiswert zu testen und gibt Software auch vorab an Kunden (kostenlos) heraus.

Betriebliches Vorschlagswesen (BVW)

Instrument zur Förderung der Innovationsfähigkeit und -bereitschaft der Beschäftigten in einem Unternehmen. Als Anreiz für die Mitarbeiter Verbesserungsvorschläge einzureichen, dienen Geld- und Sachprämien. Dieses Instrument wird vorwiegend eingesetzt, um Produkt- und Prozessinnovationen in kleinen Schritten zu erreichen, die Motivation und Entwicklung der Mitarbeiter zu fördern und einen positiven Beitrag zu einer zielorientierten Unternehmens- und Innovationskultur zu liefern. In Deutschland hat das BVW eine lange Tradition. Es wurde erstmalig 1872 in einem sog. „General-Regulativ" bei der Firma Krupp in Essen erwähnt.

Betriebsanweisung

Dokument, das ausschließlich auf Gefahren hinweisen soll. Betriebsanweisungen werden in Deutschland für biologische Arbeitsstoffe, Gefahrstoffe und deren Zubereitungen, die diese Stoffe über bestimmte Prozentsätze hinaus enthalten, und für Maschinen und andere technische Anlagen erstellt. Folgende Inhalte für Betriebsanweisungen werden z. B. von den Berufsgenossenschaften vorgeschlagen: Anwendungsbereich, Gefahren für Mensch und Umwelt, Schutzmaßnahmen und Verhaltensregeln, Verhalten bei Störungen, Verhalten bei Unfällen, Erste Hilfe, Sachgerechte Entsorgung/ Instandhaltung (bei Maschinen/technischen Anlagen) sowie Folgen der Nichtbeachtung.

BetrVG
Betriebsverfassungsgesetz.

Beurteilung
Verifizierung, und abschließende Zusammenfassung eines Sachverhalts. (DGQ-Band 11-04:2009)

Bewertung
Vorgehensweise, um zu ermitteln, ob eine Betrachtungseinheit geeignet, angemessen und wirksam ist, um festgelegte Ziele zu erreichen. Typische Bewertungen sind die Managementbewertung, die Entwicklungsbewertung, die Bewertung von Kundenanforderungen, die Fehlerbewertung oder die Effizienzermittlung. (In Anlehnung an DIN EN ISO 9000:2005)

Bewertungsmatrix
Siehe Matrixdiagramm.

Bezugsnormal
Normal von der höchsten örtlich verfügbaren Genauigkeit. Von diesem Normal (=Bezug) werden die dort vorgenommenen Messung abgeleitet. (In Anlehnung an DIN 1319-1)

BGB
Bürgerliches Gesetzbuch.

BGBl
Bundesgesetzblatt.

Black Belt
Operativ tätiger Six Sigma-Experte in einem Unternehmen. Er ist ständiges Mitglied in Six Sigma-Projekten und stellt dem Team Wissen und Erfahrung zur richtigen Auswahl und Anwendung der verschiedenen Werkzeuge und Methoden zur Verfügung. Große oder strategisch wichtige Projekte werden in der Regel von einem Six Sigma Black Belt geleitet.

BNetzA
Bundesnetzagentur für Elektrizität, Gas, Telekommunikation, Post und Eisenbahnen, Bonn. Sie wurde am 01.01.1998 als RepTP gegründet, am 13.07.2005 in Bundesnetzagentur umbenannt und ist die Regulierungsbehörde zur Aufrechterhaltung und Förderung des Wettbewerbs in Netzmärkten.

Bonus-Malus-System

System, das gute Leistungen belohnt (Bonus) und schlechte Leistungen bestraft (Malus). Dieses System kann auch mit finanziellen Größen verbunden werden.

Boxplot

Grafische Auswertung zur Streuung und Verteilung von Daten. Zu beachten ist, dass die Daten in vier Quartile eingeteilt werden, d.h. jeweils 25 % der Messwerte werden zusammengefasst.

Die graue Box (s. Grafik) entspricht dem Bereich, in dem die mittleren 50 % der Daten liegen. Die Boxplot-Darstellung zeigt den Median an und nicht den arithmetischen Mittelwert.

Die Antennen ober- und unterhalb der Box stellen die Datenwerte dar, die außerhalb der Box im 1. und 4. Quartil liegen.

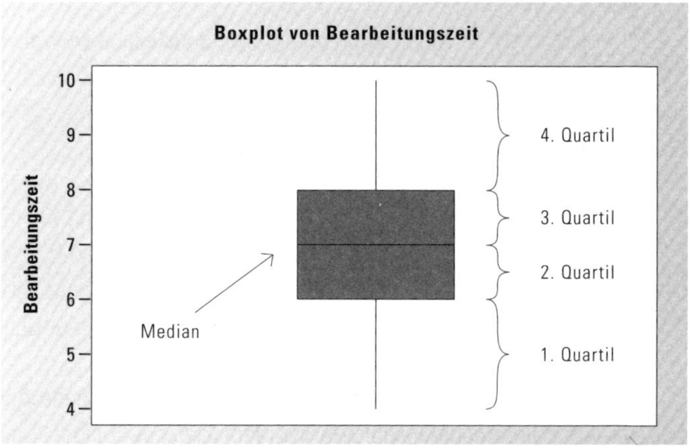

BPM

Siehe Business Process Management.

BPR

Siehe Business Process Reengineering.

Brainstorming

(Q 7-) Qualitätswerkzeug; Methode zur Ideenfindung. Dabei versucht ein Team zu einer gegebenen Fragestellung möglichst viele Ideen, Gedanken und Lösungsvorschläge zu sammeln. Zunächst werden die Ideen lediglich notiert und nicht bewertet. Während dieser Kreativitätsphase kommt es darauf an, möglichst viele Gedanken zu sammeln. Erst im zweiten Schritt (Bewertungsphase) werden diese diskutiert, sortiert und bewertet.

Breakthrough Strategy

Siehe DMAIC.

BS

British Standard.

BSC

Siehe Balanced Scorecard.

BSI

1. Bundesamt für Sicherheit in der Informationstechnik, Bonn.
2. British Standards Institution, London.

Business Excellence

Siehe Exzellenzmodelle, Total Quality Management.

Business Process Management

Geschäftsprozessmanagement. Planung, Organisation und Kontrolle von Prozessen eines Unternehmens in Bezug auf Qualität, Zeit, Kosten und Kundenzufriedenheit. Ziel dieses Managementkonzepts ist es, Geschäftsprozesse weitgehend zu optimieren und zu automatisieren.

Business Process Regineering

Konzept, um Unternehmen neu auszurichten: Grundlegende Änderung der Unternehmensabläufe mit dem Ziel der völligen Umgestaltung aller relevanten Prozesse. Die Prozesse sollen unter der Vorgabe größtmöglicher Effizienz neu entworfen werden.

Business Reengineering

Siehe Business Process Reengineering.

CAD
Computer Aided Design: Computergestütztes Entwerfen.

CAE
Computer Aided Engineering: Computergestütztes Konstruieren.

CAM
Computer Aided Manufacturing: Computergestützte Fertigung.

CAP
Computer Aided Planning: Computergestützte Arbeitsplanerstellung.

CAQ
Computer Aided Quality Assurance: Unter diesem Begriff wird die EDV-unterstützte Planung und Durchführung von qualitätsbezogenen Maßnahmen im Unternehmen verstanden.

CASCO
Committee on Conformity Assessment (ISO-Ausschuss für Konformitätsprüfungen).

CASE
Computer Aided Software Engineering: Computergestützte Softwareentwicklung.

Cause & Effect-Diagramm
Siehe Ishikawa-Diagramm.

CCFA
Comité des Constructeurs Français d'Automobiles: Verband der französischen Automobilindustrie, Paris.

CE
Communauté Européenne. Siehe CE-Kennzeichnung.

CEDAC
Cause-Effect Diagram with the Addition of Cards. Ursache-Wirkungsdiagramm mit Nutzung von Karten bzw. Post-its (für die Ursachen).

CE-Kennzeichnung
CE (Communauté Européenne) ist der französische Begriff für die Europäische Gemeinschaft. Das CE-Zeichen ist Ausdruck der Übereinstimmung mit EU-Richtlinien. Ziel des CE-Zeichens ist es, die Konformität eines Produktes mit den in den EU-Richtlinien festgelegten allgemeinen Schutzzielen zu verdeutlichen. Somit ist das CE-Zeichen ein Symbol für den freien Handel von technischen Produkten in der Europäischen Union.

CEN

Comité Européen de Normalisation. Europäisches Komitee für Normung. Die Hauptaufgabe besteht in der Ausarbeitung von Europäischen Normen (EN).

CENELEC

Comité Européen de Normalisation Electrotechnique, Brüssel, Belgien.

CEPT

Conférence Européenne des Administrations des Postes et des Télécommunications: Dachorganisation zur Zusammenarbeit der Regulierungsbehörden aus 48 europäischen Staaten. Die Europäische Konferenz der Post- und Fernmeldeverwaltungen wurde 1959 gegründet und hat bis 1988 Empfehlungen für die Telekommunikation erarbeitet (Schwerpunkt für Dienste und Netze). Mit Gründung der ETSI 1988 hat diese viele Aufgaben übernommen.

Champion

Schlüsselperson im Top-Management der Six Sigma-Organisation: Champions sind Mentoren. Ihre Hauptaufgabe ist es, die Six Sigma-Strategie zur Erreichung der Firmenziele zu nutzen.

Change Management

Unternehmen oder Organisationen agieren heute in einer stark dem Wandel (Technik, Politik, Globalisierung) unterworfenen gesellschaftlichen Umwelt. Der Unternehmenserfolg wird auch dadurch bestimmt, inwieweit Veränderungen frühzeitig erkannt und im Unternehmen strategisch umgesetzt werden. Change Management analysiert solche Veränderungen und mögliche zukünftige Szenarien, bemüht sich in bestimmten Fällen um eine Steuerung des Wandels und entwickelt Maßnahmen zur Anpassung der Unternehmensstruktur (z. B. Leitung, Arbeitsabläufe) an eingetretene oder zu erwartende Veränderungen. Manchmal wird Change Management auch schlicht als eine geplante Umstrukturierung verstanden.

Change Request

Änderungsanforderung in Projekten, vor allem in Software-Projekten: Formalisierter Wunsch nach Veränderung der Eigenschaften eines bestimmten Produktmerkmals.

C

CI

1. Corporate Identity (Unternehmensidentität, Gesamtheit der Charakteristika eines Unternehmens).
2. Continious Improvement. Siehe Ständige Verbesserung.

CIM

Computer Integrated Manufacturing.

CIP

Continuous Improvement Process. Siehe Ständige Verbesserung.

C_M

Maschinenfähigkeitsindex. Er beschreibt die Kurzzeitstreuung des untersuchten quantitativen Merkmals.

CMC

CEN Management-Centre.

C_{MK}

Maschinenfähigkeitsindex. Er beschreibt die Kurzzeitstreuung des untersuchten quantitativen Merkmals und dessen Distanz zur Spezifikationsgrenze.

CMM

Capability Maturity Model. Prozessmodell zur Beurteilung der Qualität („Reife") des Softwareprozesses von Unternehmen sowie zur Festlegung von Verbesserungsmaßnahmen. CMM wurde Ende 2003 durch Capability Maturity Model Integration (kurz CMMI) ersetzt, um den Wildwuchs diverser CM-Modelle zu verhindern und ein einheitliches Modell zu erstellen.

Coaching

Professionelle Begleitung (Motivation) im beruflichen Kontext: Personen-, prozess- und organisationsbezogene Beratung mit dem Ziel der effektiven Aufgabenerfüllung u.a. durch Stärkung der Selbstreflexion.

Compliance Audit

Untersuchung durch interne oder externe Auditoren, ob rechtliche Anforderungen im Unternehmen erfüllt sind. Dazu zählen beispielsweise Gesetze, Verordnungen, Genehmigungsbescheide aber auch interne Standards wie Konzernrichtlinien. Bestimmte gesetzliche oder behördliche Vorgaben werden herausgegriffen und Punkt für Punkt auditiert.

Control Plan

Siehe Produktionslenkungsplan.

Controlling

Steuerungs- und Koordinationskonzept zur Unterstützung der Unternehmensleitung im Rahmen der ergebnisorientierten Planung und Umsetzung unternehmerischer Aktivitäten. Schwerpunkte des Controllings sind die Sammlung, Aufbereitung und Analyse von Daten zur Vorbereitung zielsetzungsgerechter Entscheidungen. Der englische Begriff „to control" steht für steuern, lenken, überwachen.

COPQ

= „Cost of poor Quality"

= „Kosten schlechter Qualität"

Kosten die entstehen, wenn ein Unternehmen oder ein Prozess schlechte Qualität liefert. Dies können beispielsweise die Kosten einer Nachbearbeitung oder einer Verschrottung sein. Aber auch Kosten aus Imageverlust, Qualitätsaudits, Lieferantenüberwachungen, etc. sind darunter zu erfassen.

Cost-Benefit-Analyse

Kosten-Nutzen-Analyse. Instrument zur Bewertung von Investitionen.

C_P

Capability Process. Prozessfähigkeitsindex (Maßzahl für die Streuung).

C_{PK}

Capability Process. Prozessfähigkeitsindex (Maßzahl für Streuung und Lage).

CRM

Siehe Customer Relationship Management.

Crosby

Der Amerikaner Philip B. Crosby (1926–2001) gilt als Denker und bedeutende Persönlichkeit der Qualitätswissenschaft. Sein Tätigkeitsschwerpunkt war das „Null-Fehler-Programm".

Cross Functional Management

Integration der vertikalen und horizontalen Elemente eines Unternehmens: Funktions- und abteilungsübergreifendes Management.

C

Cross Functional Team

Arbeitsgruppe, die aus Personen mit unterschiedlichem Erfahrungshintergrund besteht. Die Zusammensetzung der Gruppe kann aus Mitarbeitern der Bereiche Finanzen, Marketing, Produktion und Personal bestehen. Typischerweise werden Mitarbeiter aus allen Ebenen der Organisation einbezogen. Es ist auch möglich, den Personenkreis auf Kunden, Berater oder Lieferanten (Organisationen außerhalb des Unternehmens) auszudehnen.

CSA

Canadian Standards Association, Mississauga (Ontario). Kanadisches Normungsinstitut.

CSI

Customer Satisfaction Index. Kennzahl zur Ermittlung und Messung der Kundenzufriedenheit.

CSF

Critical Success Factor.

CSM

Customer Satisfaction Measurement. Messung der Kundenzufriedenheit.

CTQ Drill Down-Technik

Werkzeug, um bei der Einführung von Six Sigma klare, messbare Teilziele zu setzen. Auf der strategischen Ebene werden zunächst Konzernziele (CTQs: Critical to Quality) festgelegt. Die Grundlage für diese Ziele bilden die Vision des Unternehmens, Kundenwünsche sowie die Aktivität des Mitbewerbers. Im nächsten Schritt werden diese strategischen Ziele dann systematisch in Bereichsziele, Werksziele bis hin zu Teilzielen herunter gebrochen (Drilldown). Entscheidend ist, dass die Teilziele klar formuliert und messbar sind.

Cube plot

= Würfeldiagramm

Innerhalb einer DOE (Design of Experiments) kann bei drei zu untersuchenden Faktoren und jeweils zwei Einstellungen ein Würfeldiagramm erstellt werden um einerseits die Ergebnisse der Versuche darzustellen und andererseits die optimale Einstellung abzulesen. Dabei repräsentieren die Ecken eines Würfeldiagramms eine bestimmte Faktorkombination.

Bei mehreren Versuchsreihen (Versuche pro Faktor und Einstellung) empfiehlt es sich Mittelwerte zu den einzelnen Versuchskombinationen heranzuziehen.

Customer Relationship Management

Kundenbeziehungsmanagement: Dokumentation und Verwaltung von Kundenbeziehungen (auch in elektronischer Form).

CWQC

Company-Wide Quality Control: Alle qualitätsrelevanten Aktivitäten in einem Unternehmen bilden das Company-Wide Quality Control. Dieses umfasst alle Mitarbeiter auf allen Hierarchiestufen. Mit CWQC wird das Ziel verfolgt, dass alle Tätigkeiten im Produktentstehungsprozess die Kundenanforderungen erfüllen.

D

3 G

Siehe Gemba, Gembutsu, Gemjitsu.

3 Mu

Siehe Muda, Mura, Muri.

DAA

Department Activity Analysis. Abteilungs(tätigkeits)-Analyse.

DACH

Deutsche Akkreditierungsstelle Chemie GmbH, Frankfurt. Die Aufgaben der Akkreditierung wurden zum 01.01.2010 in der DAkkS als nationale Akkreditierungsstelle für die deutsche Wirtschaft in einer neuen Struktur gebündelt. Die DACH ist über die DGA in die DAkkS eingegangen.

DAkkS

Deutsche Akkreditierungsstelle GmbH, Berlin. Nationale Akkreditierungsstelle für die deutsche Wirtschaft. Sie nahm am 01.01.2010 ihre Tätigkeit auf und bündelt alle Akkreditierungsaufgaben in Deutschland.

DAP

1. Deming Application Price.

2. Deutsches Akkreditierungssystem für Prüfwesen GmbH, Berlin. Die Aufgaben der Akkreditierung wurden zum 01.01.2010 in der DAkkS als nationale Akkreditierungsstelle für die deutsche Wirtschaft in einer neuen Struktur gebündelt. Die DAP ist über die DGA in die DAkkS eingegangen.

DAR

Deutscher Akkreditierungsrat.

Darlegungsforderung

Forderung einer Darlegung der Realisierung der Managementelemente gegenüber dem Kunden bzw. gegenüber dem Auftraggeber bei vertraglicher Vereinbarung, oder gegenüber einer zuständigen Stelle bei gesetzlicher Auflage.

Anmerkung: Darlegungsforderungen ergeben sich aus der Tatsache, dass die Qualität komplexer Produkte durch eine Abnahmeprüfung alleine nicht festgestellt werden kann. (DGQ-Band 11-04:2009)

DASET

Deutsche Akkreditierungsstelle Stahlbau und Energietechnik, Düsseldorf. Die Aufgaben der Akkreditierung wurden zum 01.01.2010 in der DAkkS als nationale Akkreditierungsstelle für die deutsche Wirtschaft in einer neuen Struktur gebündelt.

DASMIN

Deutsche Akkreditierungsstelle Mineralöl GmbH, Hamburg. Die Aufgaben der Akkreditierung wurden zum 01.01.2010 in der DAkkS als nationale Akkreditierungsstelle für die deutsche Wirtschaft in einer neuen Struktur gebündelt.

DATech

Deutsche Akkreditierungsstelle für Technik, Frankfurt. Die Aufgaben der Akkreditierung wurden zum 01.01.2010 in der DAkkS als nationale Akkreditierungsstelle für die deutsche Wirtschaft in einer neuen Struktur gebündelt.

DAU

Deutsche Akkreditierungs- und Zulassungsgesellschaft für Umweltgutachter mbH, Bonn. Die Aufgaben der Akkreditierung wurden zum 01.01.2010 in der DAkkS als nationale Akkreditierungsstelle für die deutsche Wirtschaft in einer neuen Struktur gebündelt.

Delphi-Methode

Systematisches Befragungsverfahren, das aus mehreren Stufen besteht. Diese Methode dient dazu, künftige Ereignisse, Trends, technische Entwicklungen und dergleichen möglichst gut einschätzen zu können.

Deming

Der Amerikaner William Edwards Deming (1900–1993) gilt als Denker und bedeutende Persönlichkeit der Qualitätswissenschaft. Seine Tätigkeitsschwerpunkte waren das „14-Punkte-Management-Programm" und das „Prinzip der Ständigen Verbesserung".

Demingscher Regelkreis

Siehe PDCA-Zyklus.

Design of Experiments

Siehe Statistische Versuchsplanung.

Design Review-Technik

Siehe Review-Technik.

Designprüfung

Systematische Untersuchung eines Designs sowie aller Teilergebnisse. Ziel ist es zu überprüfen, ob die Qualitätsforderungen erfüllt sind. Diese Prüfung muss dokumentiert werden.

DFA

Design for Assembly. Montageorientiertes Design.

DFM

Design for Manufacturing. Fertigungsorientiertes Design.

DFMA

Design for Manufacture and Assembly. Produktionsgerechte Entwicklung und Konstruktion.

DFSS

= Design for Six Sigma

Six Sigma wird als Werkzeug nicht nur für bestehende Prozesse, sondern auch für neu zu etablierende Prozesse angewandt. Ziel ist es, vorab schon einen Six Sigma-fähigen Prozess aufzubauen.

DGA

Deutsche Gesellschaft für Akkreditierung mbH, Frankfurt. Die DGA entstand am 14.09.2009 durch die Verschmelzung der Deutschen Akkreditierungsstelle Chemie (DACH), der Trägergemeinschaft für Akkreditierung (TGA) und des Deutschen Akkreditierungssystems Prüfwesen (DAP). Mit Wirkung zum 01.01.2010 ging sie in die neue deutsche Akkreditierungsstelle DAkkS ein.

DGQ

Deutsche Gesellschaft für Qualität e.V., Frankfurt.

DGWK

Deutsche Gesellschaft für Warenkennzeichnung. DGWK wurde 1972 gegründet und heißt heute DINCERTCO Gesellschaft zur Konformitätsbewertung mbH, Berlin.

DGZfP

Deutsche Gesellschaft für Zerstörungsfreie Prüfung e.V., Berlin.

Dienstleistung

Siehe Produkt.

DIN

Deutsches Institut für Normung e.V., Berlin.

DIN SPEC
Technische Spezifikation, die durch das DIN publiziert wird.

Diskrete Daten
Draft International Standard. Normentwurf.

Diskretes Merkmal
Siehe Qualitative Daten.

Diskretes Merkmal
Quantitatives Merkmal mit endlich vielen oder abzählbar unendlich vielen Ausprägungen. (In Anlehnung an DIN 55350-12)

DITR
Deutsches Informationszentrum für Technische Regeln im DIN. Die DITR-Datenbank enthält bibliographische Nachweise aus rund 300 Regelwerken.

DKD
Deutscher Kalibrierdienst, Braunschweig. Die Aufgaben der Akkreditierung wurden zum 01.01.2010 in der DAkkS als nationale Akkreditierungsstelle für die deutsche Wirtschaft in einer neuen Struktur gebündelt.

DKE
Deutsche Kommission Elektrotechnik Elektronik Informationstechnik im DIN und VDE, Frankfurt.

DMADV
Design – Measure – Analyse – Design – Verify
Projektmanagementmethode innerhalb von Six Sigma, welche bei der Neuentwicklung von Prozessen zum Tragen kommt.

DMAIC
Define – Measure – Analyse – Improve – Control: Projektmanagement-Methodik in Six Sigma-Projekten (auch als Breakthrough Strategy bekannt). Prozesse werden mithilfe eines Projektes strukturiert, analysiert und optimiert. Dabei unterteilt die DMAIC-Methodik ein Projekt gezielt in folgende fünf Phasen: Define (Definieren des Problems), Measure (Messen der Einflussfaktoren), Analyse (Analyse der Einflussfaktoren), Improve (Verbessern der Einstellung der Einflussfaktoren), Control (Überwachen der Einflussfaktoren).

D

DoE

Siehe Design of Experiments.

Dokument

Information und das Medium, auf dem sie dargestellt wird (Trägermedium). Ein Dokument kann in Papierform, elektronisch, als Fotografie, als Bezugsmuster oder Kombinationen daraus abgebildet werden. Als Beispiele nennt die DIN EN ISO 9000:2005: Aufzeichnung, Spezifikation, Verfahrensdokument, Zeichnung, Bericht und Norm. Mehrere Dokumente (z. B. Spezifikationen und Aufzeichnungen) werden auch als Dokumentation bezeichnet. (In Anlehnung an DIN EN ISO 9000:2005)

Dokumentation

Gesamtheit der Dokumente, die zu einem System, Projekt, Prozess oder Produkt gehören. Siehe Dokument.

Dokumentenlenkung

Dokumentiertes Verfahren zur Erstellung, Prüfung, Genehmigung, Kennzeichnung, Verteilung und Aktualisierung von Dokumenten. Zur Dokumentenlenkung zählt auch die Kennzeichnung und Verteilung externer Dokumente wie beispielsweise Normen, Kundenspezifikationen oder Kundenzeichnungen. Werden veraltete Dokumente aufbewahrt, müssen sie so eindeutig gekennzeichnet werden, dass eine unbeabsichtigte Verwendung ausgeschlossen werden kann. Darüber hinaus sollten nicht nur Dokumente der Managementdokumentation der Dokumentenlenkung unterliegen. Auch Stellenbeschreibungen, Betriebsanweisungen, Betriebsanleitungen von Produkten, Spezifikationen, Kalkulationsgrundlagen oder Preislisten, die als Vorgabe zur Erfüllung von Kundenanforderungen dienen, sollten berücksichtigt werden.

Aufzeichnungen stellen einen besonderen Dokumententyp dar. Die Dokumentenlenkung für Aufzeichnungen beinhaltet Maßnahmen zur Kennzeichnung, zur Aufbewahrung, zum Schutz, zur Wiederauffindbarkeit, zur Aufbewahrungsfrist sowie die Verfügung über Aufzeichnungen. (Vgl. auch DIN EN ISO 9001:2008)

Dotplot

Siehe Punktdiagramm.

D

DPMO

= **D**efects **p**er **M**illion **O**pportunities
= Fehler pro eine Million Möglichkeiten
Abgeleitet aus der Errechnung des DPO, jedoch hochgerechnet auf eine Million. Die Prozesskennzahl sagt aus, wie viele Fehler gemacht werden (basierend auf die produzierten Einheiten oder Stichprobe) bei einer Million Fehlermöglichkeiten.

$$DPMO = DPO * 1.000.000$$

DPO

= **D**efects **p**er **O**pportunity
= Fehler pro Möglichkeit
Prozesskennzahl zur Messung von Fehlerwahrscheinlichkeiten in Prozessschritten. Dabei werden alle gemachten Fehler der produzierten Einheiten oder der Stichprobe ins Verhältnis zu allen Möglichkeiten des Prozesses/des Prozessschrittes gesetzt, einen Fehler zu machen.

$$DPO = \frac{\text{Summe aller gemachten Fehler}}{\text{Summe aller Möglichkeiten Fehler zu machen}}$$

DPU

= **D**efects **p**er **U**nit
= Fehler pro Einheit
Prozesskennzahl zur Beschreibung, wie viel Fehler pro Einheit gemacht wurden. Dabei berücksichtigt die DPU die tatsächliche Anzahl der Fehler im Verhältnis zu den produzierten Einheiten bzw. der Stichprobe.

$$DPU = \frac{\text{Summe aller Fehler}}{\text{Summe aller produzierten Einheiten}}$$

D

Drittparteien-Audit

Audits von externen unabhängigen Organisationen wie beispielsweise Zertifizierungs- oder Akkreditierungsgesellschaften. Drittparteien-Audits werden häufig auch als Third-Party Audits bezeichnet. (In Anlehnung an DIN EN ISO 9000:2005)

Durchschlupf

Anzahl der erwarteten fehlerhaften Teile in einem Los.

1-sample t-test

Statistische Methode um den Mittelwert einer Grundgesamtheit mit einer Vorgabe (Spezifikation) zu vergleichen.
Beispiel: Überprüfung anhand von Stichproben, ob eine mittlere Lieferzeit von x Tagen mit dem derzeitigen Prozess gewährleistet werden kann.

EA

European Co-operation for Accreditation, Paris. Unabhängige, Non-Profit-Organisation, die insbesondere die Interessen der europäischen Akkreditierungsstellen vertritt.

ED

Experimental Design. Siehe Design of Experiments.

EEA

Siehe EFQM Excellence Award.

Effektivität

Siehe Wirksamkeit.

Effizienz

Wirkkraft: Sie beschreibt die Relation zwischen einem erreichten Ergebnis und den dafür eingesetzten Ressourcen. (In Anlehnung an DIN EN ISO 9000:2005)

EFQM

European Foundation for Quality Management mit Sitz in Brüssel. Die EFQM wurde 1988 gegründet und ist heute mit mehr als 600 Mitgliedsunternehmen in rund 40 Ländern eine Non-Profit-Organisation für Business Excellence. Ziel ist es, die Mitgliedsunternehmen mit Informationen rund um Business Excellence zu versorgen und die Vernetzung der Unternehmen zu stärken. 1991 hat die EFQM den prestigeträchtigen EFQM Excellence Award ins Leben gerufen und verleiht diese Qualitätsauszeichnung jährlich an Unternehmen, die Spitzenleistungen erbringen. Weiterhin ist die EFQM der Hüter des EFQM-Modells, das Unternehmen als Leitlinie dient, um erfolgreich im Markt zu sein und diesen Erfolg auch zu messen.

E

EFQM Excellence Award

Europäischer Qualitätspreis, der seit 1991 jährlich von der EFQM an Unternehmen als höchste Auszeichnung für Spitzenleistungen und praktizierte Exzellenz verliehen wird. Das Bewertungsschema basiert auf einem 1000-Punkte-Programm, das sich in die neun Kriterien Führung, Strategie, Mitarbeiter, Partnerschaften & Ressourcen, Prozesse, Produkte & Dienstleistungen, Kundenbezogene Ergebnisse, Mitarbeiterbezogene Ergebnisse, Gesellschaftsbezogene Ergebnisse sowie Schlüsselergebnisse unterteilt.

EFQM Excellence Award

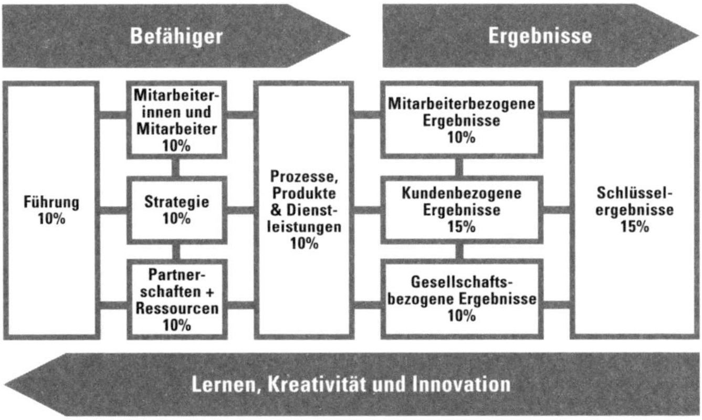

EichG

Eichgesetz. Gesetz über das Mess- und Eichwesen.

Eichung

Prüfung eines Messgeräts in Bezug auf die Forderungen der Eichvorschrift, und bei Erfüllung der Forderungen dessen diesbezügliche Kennzeichnung.

Anmerkung: Die Eichung eines Messgeräts umfasst nach den Eichvorschriften, z. B. Eichgesetz, Eichordnung, vorzunehmende Prüfungen und Kennzeichnungen. Die Benennung „Eichung" sollte nur in diesem Sinn verwendet werden und nicht – wie vielfach üblich – für Kalibrierung oder Justierung. (DGQ -Band 11-04:2009)

Eigentum des Kunden

Produkte oder Dienstleistungen, die dem Kunden gehören (Kundeneigentum). Sie werden Bestandteil des Produktions- bzw. Dienstleistungsprozesses. Nach DIN EN ISO 9001:2008 können auch geistiges Eigentum und personenbezogene Daten zum Eigentum des Kunden zählen. (In Anlehnung an DIN EN ISO 9001:2008)

Einbeziehung der Personen

Einbeziehung der Personen zählt zu den Acht Grundsätzen des Qualitätsmanagements (siehe Grundsätze des Qualitätsmanagements).

Ein-Faktor-Methode

Traditionelle Methode zur Durchführung von Versuchen.

Bei der Suche nach den optimalen Einstellungen („best settings") für die Eingangsvariablen/Faktoren eines Prozesses, verändert man immer nur einen Faktor und misst dann die Veränderung auf die Ausgangsvariable.

Hierbei werden, im Gegensatz zu einer DOE, mögliche Wechselbeziehung der Eingangsvariablen untereinander nicht berücksichtigt.

Einführungsgespräch

Das Einführungsgespräch findet zu Beginn eines Audits (Eröffnung) statt. Inhalte sind: Vorstellung der Auditoren, Erläuterung der Zielsetzungen des Audits, Überblick über Methoden und Verfahren der Auditierung, Vereinbarung der zeitlichen Abfolge, Ressourcenklärung, Vertraulichkeit, Berichterstattung.

Eingangsprüfung

Qualitätsprüfung zur Annahme eines Produkts. Der Kunde (Weiterverarbeiter, Händler oder Endverbraucher), der Auftraggeber oder eine beauftragte Stelle führt die Eingangsprüfung durch. (In Anlehnung an DIN 55350-17)

Eingriffsgrenze

Höchst- oder Mindestwert, der in eine Qualitätsregelkarte eingetragen ist. Wird dieser Wert durch einen Kennwert über- oder unterschritten, muss eingegriffen werden. (In Anlehnung an DIN 55350-33)

E

Einheit

Gegenstand der Betrachtung (materiell oder immateriell), der einzeln beschrieben werden kann. Eine Einheit kann auch in kleinere Einheiten unterteilt oder mit andreren Einheiten zu einer größeren Einheit zusammengefügt werden. Beispiele sind: Tätigkeit, Prozess, Produkt, Organisation, Person oder System. (In Anlehnung an DIN 55350-11)

Einzelkosten

Kosten, die direkt dem Produkt zugerechnet werden können.

EMAS

Eco Management and Audit Scheme. Anforderungen an Unternehmen, die sich auf freiwilliger Basis an einem Gemeinschaftssystem für das Umweltmanagement und die Umweltbetriebsprüfung beteiligen. Europaweit gültiges Verfahren mit dem Ziel der kontinuierlichen Verbesserung des betrieblichen Umweltschutzes. Grundlage ist die Verordnung (EG) Nr. 1221/2009.

EMP

Siehe Erstmusterprüfung.

Empfehlung

Siehe Hinweis.

Empfindlichkeit

Änderung des Messwertes der Ausgangsgröße eines Messgeräts bezogen auf die sie verursachende Änderung der Eingangsgröße. (DGQ-Band 11-04:2009)

Empirische Verteilungsfunktion

Summenhäufigkeitsfunktion: Summe der relativen Häufigkeiten derjenigen Merkmalsausprägungen, die kleiner oder gleich dem Merkmalswert sind. (In Anlehnung an DIN 55350-23)

Empowerment

Übertragen von Kompetenzen und Aufgaben an Mitarbeiter, die vorher nur Führungskräften vorbehalten waren. Damit können Mitarbeiter- und Kundenzufriedenheit gesteigert werden.

EN

Europäische Norm. (Norm des CEN – Comité Européen de Normalisation)

Endprüfung

Letzte der Qualitätsprüfungen vor Übergabe der Einheit an den Kunden bzw. den Auftraggeber. (DGQ-Band 11-04:2009)

Entfernter Standort

Standort, an dem selbst keine Produktionsprozesse stattfinden, der aber Produktionsstandorte unterstützt. (In Anlehnung an ISO/TS 16949:2009)

Entwicklung

Umwandlungsprozesse, die aus Anforderungen festgelegte Merkmale, die Spezifikation eines Produkts, eines Prozesses oder eines Systems machen. (In Anlehnung an DIN EN ISO 9000:2005)

Entwicklungsmuster

Muster, um den Entwicklungsstand einer Einheit zu prüfen. Synonyme Begriffe sind Entwurfsmuster oder Prototyp. (In Anlehnung an DIN 55350-15)

Entwurfsmuster

Siehe Entwicklungsmuster.

Entwurfsprüfung

Prüfung an einem Entwurf unter Qualitätsgesichtspunkten. (In Anlehnung an DIN 55350-17)

EPA-Modell

Enterprise Process Architecture: Referenzmodell für prozessorientierte, dienstbasierte Unternehmensarchitekturen. Mit diesem Modell werden unterschiedliche Integrationsansätze analysiert und in ein ganzheitliches Modell überführt.

EOQ

European Organization for Quality, Brüssel. Europäische (Non-Profit-) Organisation mit dem Ziel der effektiven Verbesserung im Bereich des Qualitätsmanagements. Die EOQ versteht sich als Koordinationsorgan seiner Mitgliedsorganisationen. Sie wurde 1956 gegründet und besteht zurzeit aus 30 nationalen europäischen Qualitätsorganisationen, Institutionen, Unternehmen und Einzelpersonen aus aller Welt.

EQA

Siehe European Quality Award.

Ermittlungsergebnis

Merkmalswert, der durch Ermittlung festgestellt wird. Je nach Art der Ermittlung wird das Ermittlungsergebnis auch als Beurteilungs-, Beobachtungs-, Mess-, Rechen-, oder statistisches Schätzergebnis bezeichnet. Es kann sich auf jede Merkmalsart beziehen. (In Anlehnung an DIN 55350-12)

ERP

Enterprise Resource Planning (Planung des Einsatzes der Unternehmensressourcen). ERP charakterisiert die unternehmerische Aufgabe, Ressourcen im Unternehmen effizient für den betrieblichen Ablauf einzusetzen. ERP-Systeme bestehen aus komplexer Anwendungssoftware zur Unterstützung der Ressourcenplanung.

Erstmuster

Muster, das ausnahmslos mit Einrichtungen und Verfahren (unter den zugehörigen Randbedingungen) gefertigt ist, die für die Serienfertigung vorgesehen sind. Das Erstmuster ermöglicht den Nachweis, dass die Qualitätsforderung an das Angebotsprodukt erfüllt werden kann – sofern dies unter den Bedingungen der Serienfertigung geschieht. Die Begriffe „Ausfallmuster", „Baumuster", „Fertigungsmuster" und „Typmuster" werden synonym verwendet. (In Anlehnung an DIN 55350-15)

Erstmusterprüfung

Prüfung eines **Erstmusters** im Rahmen einer Musterprüfung. (In Anlehnung an DIN 55350-17)

Erstparteien-Audit

Interne Audits, die durch eine Organisation selbst durchgeführt werden (auch „Selbstbewertung") - beispielsweise zur Managementbewertung oder als Grundlage einer Konformitätserklärung des Unternehmens. „Erstparteien-Audits" werden auch als First-Party Audits bezeichnet. (In Anlehnung an DIN EN ISO 9000:2005)

Erstprüfung

Die erste in einer Reihe von geplanten oder zugelassenen Qualitätsprüfungen. (In Anlehnung an DIN 55350-17)

Erwartungswert

Bei diskreten Zufallsgrößen die Summe der Produkte aller Zahlenwerte xi der Zufallsgröße X und der zugehörigen Wahrscheinlichkeiten pi, bei kontinuierlichen Zufallsgrößen das entsprechende Integral. (DGQ-Band 11-04:2009)

ETA

Event Tree Analysis. Siehe Fehlerbaumanalyse.

ETSI

European Telecommunications Standards Institute, Frankreich.

European Quality Award

Der European Quality Award wurde 2006 in EFQM Excellence Award (EEA) umbenannt.

Evaluation

Beschreibung, Analyse und Bewertung von Prozessen und Organisationseinheiten. Schwerpunkte können der Kontext, die Struktur, der Prozess und das Produkt (Ergebnis) sein. Der Begriff stammt ursprünglich von dem lateinischen Wort „valuare", was soviel bedeutet wie „bewerten".

EVOP

Evolutionary Operation of Processes. Analyse von Prozessdaten mit kleinen Streuungen innerhalb der Parameter (Variante von DoE).

Externes Qualitätsaudit

Siehe Zweitparteien-Audit, Drittparteien-Audit.

Extremwert

Kleinster oder auch größter Einzel-Istwert. (In Anlehnung an DIN 55350-12)

E

Exzellenzmodelle

Die Ansätze für Qualitätsmanagementsysteme auf Grundlage der ISO-9000 Normen und der Exzellenzmodelle für Organisationen basieren auf gemeinsamen Prinzipien. Beide Ansätze geben einer Organisation die Möglichkeit, ihre Stärken und Schwächen zu erkennen. Sie enthalten außerdem Beurteilungsmöglichkeiten anhand allgemeiner Modelle, bieten eine Grundlage für ständige Verbesserung und ermöglichen eine externe Anerkennung.
Der wesentliche Unterschied zwischen den beiden Ansätzen für Qualitätsmanagementsysteme der Normen der ISO-9000-Familie besteht in ihrem Anwendungsbereich. Die ISO-9000 Normen formulieren Anforderungen an Qualitätsmanagementsysteme und Anleitungen zur Leistungsverbesserung. Die Erfüllung der Anforderung wird ermittelt, indem das Qualitätsmanagementsystem beurteilt wird.
Die Exzellenzmodelle enthalten Kriterien mit denen eine vergleichende Beurteilung der Leistung von Organisationen durchgeführt werden kann. Sie passen für alle Tätigkeiten und alle interessierten Parteien einer Organisation. Damit stellen Bewertungskriterien in Exzellenzmodellen einer Organisation eine Grundlage zur Verfügung, um ihre Leistung mit anderen zu vergleichen. (In Anlehnung an DIN EN ISO 9000:2005)

5 A-Strategie

Deutscher Ausdruck für 5 S: Aufräumen, Aussortieren unnötiger Dinge, Arbeitsplatz sauber halten, Anordnungen zur Regel machen, Alle Punkte einhalten und ständig verbessern. Siehe 5 S.

5 S

Siehe Seiri, Seiton, Seiso, Seiketsu, Shitsuke. Die fünf S stehen für Ordnung und Sauberkeit am Arbeitsplatz (Konzept japanischen Ursprungs). Sie beschreiben auch eine Vorgehensweise, mithilfe derer in fünf Schritten ein neues System der Instandhaltung von Produktionsmitteln etabliert werden kann.

5 W-Technik

Problemlösungstechnik. Es wird fünf Mal hintereinander die Frage „Warum" gestellt, um dadurch die eigentliche Fehlerursache zu finden.

Fachexperte

Person, die dem Auditteam spezielle Kenntnisse oder Fachwissen zur Verfügung stellt. Dabei kann es sich um spezielle Kenntnisse oder Fachwissen über die Organisation, den Prozess, die zu auditierende Tätigkeit, die Sprache oder Kultur handeln. Ein Fachexperte ist nicht als Auditor des Auditteams zu verstehen. (In Anlehnung an DIN EN ISO 19011:2011)

Fähigkeit

Leistungsvermögen einer Organisation, eines Systems oder eines Prozesses, um ein anforderungsgerechtes Produkt zu realisieren. (In Anlehnung an DIN EN ISO 9000:2005)

Faktorielle Versuche

Siehe auch DOE

Bei einer statistischen Versuchsplanung (DOE Design of Experiments) wird festgelegt, ob ein vollfaktorieller oder teilfaktorieller Versuchsplan aufgestellt und durchgeführt wird.

Vollfaktoriell – alle definierten Einstellungen der Faktoren werden tatsächlich durchgeführt.

Teilfaktoriell – nur bestimmte Einstellungen der Faktoren werden tatsächlich durchgeführt.

Der Vorteil einer teilfaktoriellen Vorgehensweise liegt in der kostengünstigeren Durchführung der Versuche, da nicht alle Versuchskombinationen durchgeführt werden müssen.

Fault Tree Analysis

Siehe Fehlerbaumanalyse.

FBA

Siehe Fehlerbaumanalyse.

FDA

U.S. Food and Drug Administration, Maryland USA.

Fehler

Eine Anforderung wird nicht erfüllt. (In Anlehnung an DIN EN ISO 9000:2005)

Fehlerbaumanalyse

Die Fehlerbaumanalyse ist ein Verfahren, das die Abschätzung von Wahrscheinlichkeiten zulässt. Es kommt insbesondere bei sicherheitskritischen oder hoch verfügbaren Systemen zum Einsatz. Der Fehlerbaum wird mittels einer im Vorfeld durchzuführenden Systemanalyse aufgestellt. Dabei werden auch Fehlerkombinationen betrachtet. Dieses Verfahren erfordert genaue Kenntnisse der Systemanalyse und Wahrscheinlichkeitsrechnung.

Fehlerbaumanalyse

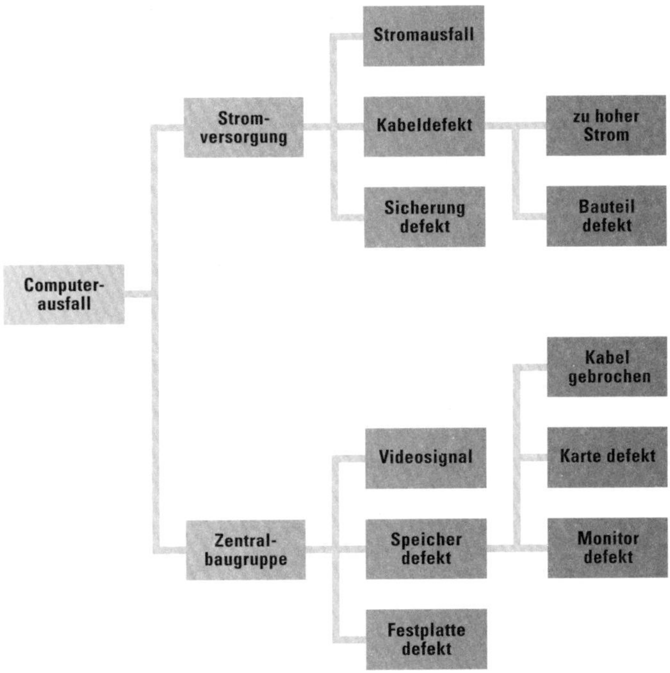

Fehlergewichtung

Einteilung der bei einer Einheit möglichen Fehler in Fehlergewichtsklassen nach einer Fehlerbewertung, die an der Bedeutung des Fehlers – Fehlergewicht – für die Organisation ausgerichtet ist, welche die Einheit realisiert. (DGQ-Band 11-04:2009)

Fehlergrenze

Abweichungsgrenzbeträge für Messabweichungen des verwendeten Messgeräts. (In Anlehnung an DIN 1319-1)

Fehlerklassifizierung

Einstufung potenzieller Fehler einer Einheit in Fehlerklassen. Die Bewertung richtet sich nach den Fehlerfolgen. International werden Fehler nach drei Fehlerklassen unterteilt: Kritische Fehler – Hauptfehler – Nebenfehler. (In Anlehnung an DIN 55350-31)

Fehlerkosten

Durch Fehler verursachte Kosten. Fehlerkosten lassen sich – je nachdem an welchem Ort sie festgestellt wurden – in zwei Gruppen unterteilen: interne Fehlerkosten und externe Fehlerkosten. Eine Organisation sollte festlegen, was sie unter internen und externen Fehlerkosten versteht. Als Beispiele für Fehlerkosten nennt die DIN 55350-11: Kosten für die Beseitigung oder Milderung eines Fehlers, für Nacharbeit, Reparatur, Verschrottung, Entsorgung, Behandlung von Ausschuss, außerplanmäßige Sortierprüfung, Wiederholungsprüfung, Ausfallzeit, Gewährleistung und Produkthaftung. (In Anlehnung an DIN 55350-11)

Fehlerkriterium

Merkmal, anhand dessen man feststellen kann, ob ein Fehler vorliegt. (DGQ-Band 11-04:2009)

F

Fehler-Möglichkeits- und Einfluss-Analyse

Methode zur Risikoanalyse: Potenzielle Fehlerursachen, mögliche Fehlerarten und erwartete Fehlerfolgen eines Systems und dessen Elemente werden analysiert. Im nächsten Schritt wird eine Risikobeurteilung durchgeführt und Maßnahmen zu priorisierten Risiken definiert. Nach Abarbeitung der in der Erstbewertung festgelegten Maßnahmen erfolgt eine zweite Risikobewertung, um festzustellen, ob die Maßnahmen zielführend sind. Mithilfe der Risiko-Prioritäts-Zahl werden die Risiken berechnet und bewertet. Diese Methode wurde Mitte der 60er-Jahre von der NASA entwickelt. Folgende Arten einer FMEA werden unterschieden:

System-FMEA: Diese Methode konzentriert sich auf die funktionale Betrachtung eines Produkts aus Anwendersicht.

Konstruktions-FMEA: Diese Methode stellt ein Verfahren zur Konstruktionsüberprüfung dar. Das Ziel ist, Fehler, die bei der Entwicklung eines Produkts entstehen, bereits in der Entwicklungsphase zu entdecken und zu beseitigen.

Prozess-FMEA: Diese Methode wird eingesetzt, um die einzelnen Schritte des Produktionsprozesses zu überprüfen. Ziele der Betrachtung können sowohl technische als auch ablauforganisatorische Prozesse sein.

Fehlersammelliste

Die Fehlersammelliste (Strichliste) ist ein Qualitätswerkzeug (Q 7), um Daten (Fehler) rationell zu erfassen und diese nach Art und Anzahl übersichtlich darzustellen. Dabei werden die Daten einer Fehlerkategorie zugeordnet und in einer Tabelle quantitativ erfasst.

Probleme im Lackaufbau	**Woche**				
	10	**11**	**12**	**13**	**Gesamt**
Läufer	IIII	I	IIIIII	II	**13**
Blasen	I	IIIIII	III	IIIII	**17**
Abplatzer	III	IIIII	II	IIIIIII	**17**
Schlieren	IIII	II	IIIII	I	**12**
Gesamt	**12**	**14**	**16**	**15**	**57**

Fehlerverhütungskosten

Kosten, die durch die Analyse und Beseitigung von Fehlerursachen entstehen. Die Kosten für Vorbeugungs- und Korrekturmaßnahmen zählen ebenfalls zu den Fehlerverhütungskosten. (In Anlehnung an DIN 55350-11).

Fehlervermeidung

Entwicklung von Produkten und Produktionsprozessen, um fehlerfreie Produkte herzustellen. (In Anlehnung an ISO/TS 16949:2009)

Feigenbaum

Der Amerikaner Armand V. Feigenbaum (geb. 1922) gilt als Denker und bedeutende Persönlichkeit der Qualitätswissenschaft. Seine Tätigkeitsschwerpunkte waren „Total Quality Control" und „Simultaneous Engineering".

Fertigungsgenauigkeit

Qualitative Bezeichnung für das Ausmaß der Annäherung von Ergebnissen der Fertigung an den Sollwert des betrachteten Qualitätsmerkmals gemäß der betreffenden Einzelforderung im Rahmen der Qualitätsforderung an das gefertigte Produkt.
(DGQ-Band 11-04:2009)

Fertigungslos

Los, das aus einer fortlaufenden Fertigung stammt. (DGQ-Band 11-04:2009)

Fertigungsunsicherheit

Schätzbetrag/Schätzfunktion für die Abweichungen der Istwerte des betrachteten quantitativen Merkmals von einem Bezugswert zur Kennzeichnung des Wertebereichs, innerhalb dessen in einer betrachteten Fertigungseinrichtung bei einem ordnungsgemäß beschriebenen Betriebszustand ein Produkt gefertigt werden kann. (DGQ-Band 11-04:2009)

Feststellung

Bewertung einer Auditfeststellung.

Beispiel: Ein gefordertes Verfahren einer Normanforderung ist zum Teil nicht erfüllt bzw. ein gefordertes Verfahren im Unternehmen ist installiert, aber noch nicht voll umgesetzt. Einzelforderungen der Unterpunkte sind überwiegend nicht erfüllt. Dies beinhaltet sowohl die fehlende Planung als auch die fehlende wirksame Umsetzung. Eine Feststellung macht in jedem Fall eine Korrekturmaßnahme erforderlich, ein Zertifikat kann aber erteilt oder aufrechterhalten werden.

FIEV

Fédération des Industries des Equipements pour Véhicules. Verband der französischen Automobilzulieferindustrie.

FIFO

FIFO steht für „first-in/first-out" und bezeichnet ein Lagerbestandssystem, um die Lagerumschlagzeiten sowie den Lagerumschlag zu optimieren. Waren, die zuerst eingelagert wurden, werden auch zuerst wieder ausgelagert.

First-Party Audit

Siehe Erstparteien-Audits.

First Pass Rate

Siehe Throughput Yield.

Fischgrät-Diagramm

Siehe Ishikawa-Diagramm.

Fishbone-Diagram

Siehe Ishikawa-Diagramm.

Fitness for use

Siehe Gebrauchstauglichkeit.

Juran definiert Qualität als „fitness for use" in den Augen des Kunden, da die Beurteilung von Qualität sich aus den individuellen Bedürfnissen und Erwartungen der Kunden ableitet (kundenorientierter Qualitätsbegriff).

Fixe Kosten

Bezeichnung der (Gesamt-)Kosten, die sich mit dem Beschäftigungsgrad nicht ändern. Sie werden auch zeitabhängige Kosten genannt.

F

F

Flow-Chart

Siehe Flussdiagramm.

Flussdiagramm

Darstellung aller Prozesse in einem Unternehmen. Es veranschaulicht die wichtigsten Elemente eines Prozesses: Aufgaben, Arbeitsschritte, Aktivitäten, Materialbewegungen, Entscheidungen. Visualisierung der Abläufe bei Herstellung oder Verkauf eines Produkts, der Materialflüsse oder Informationsflüsse.

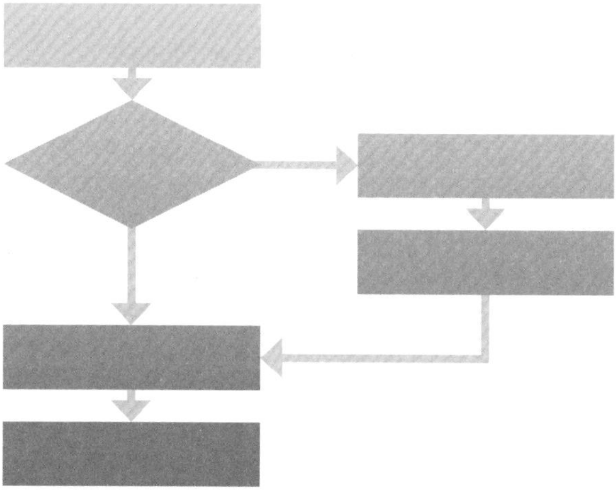

FMEA

Siehe Fehler-Möglichkeits- und Einfluss-Analyse.

FMECA

Failure Mode, Effect and Criticality Analysis. Die FMEA wurde 1949 vom US-amerikanischen Militär als FMECA entwickelt. Sie diente zur systematischen Entwicklung von Zuverlässigkeit unter Betrachtung von System- und Ausrüstungsfehlern.

FQS

Forschungsgemeinschaft für Qualität e.V., Frankfurt.

Freigabe

Genehmigung für die nächste Stufe eines Prozesses. In Verbindung mit Software wird im Englischen häufig die Benennung „release" (Freigabe) auf eine Version der Software selbst bezogen. (In Anlehnung an DIN EN ISO 9000:2005)

FTA

Fault Tree Analysis. Siehe Fehlerbaumanalyse.

Führung

Führung zählt zu den Acht Grundsätzen des Qualitätsmanagements (siehe Grundsätze des Qualitätsmanagements).

Führungsprozess

Siehe Managementprozess.

Funktionsbereich Metrologie

Funktionsbereich, der für die Festlegung und Verwirklichung des Messmanagementsystems organisatorisch und technisch verantwortlich ist. (In Anlehnung an DIN EN ISO 9000:2005)

G

Gaußsche Normalverteilung

Siehe Normalverteilung.

Gebrauchsnormal

Normal, das direkt oder ein- oder mehrstufig mit einem Bezugsnormal (in Verbindung mit entsprechenden Messgeräten) kalibriert ist. Das Gebrauchsnormal wird regelmäßig genutzt, um Maßverkörperungen oder Messgeräte (Prüfmittel) zu kalibrieren oder zu prüfen. (In Anlehnung an DIN 1319-1)

Gebrauchstauglichkeit

Brauchbarkeit eines Gutes für seinen bestimmungsgemäßen Verwendungszweck. Die Eignung basiert auf objektiven und subjektiven Gebrauchseigenschaften. Die Beurteilung leitet sich aus individuellen Bedürfnissen ab. (In Anlehnung an DIN 55350-11)

Gefahr

Situation, in der das bestehende Risiko höher als das akzeptable Risiko ist. (DIN VDE 31000-2)

Gefährdungsanalyse

Ein im Rahmen europäischer Richtlinien und der darauf beruhenden nationalen Gesetzgebungen zum Arbeitsschutz vorgeschriebenes Verfahren, das die Grundlage der Gefährdungsbeurteilung bildet. Gefährdungsanalysen ermitteln mögliche Gefährdungen und sind nach dem Arbeitsschutzgesetz oder ggf. nach der Biostoffverordnung und der Gefahrstoffverordnung durchzuführen.

Gefährdungsbeurteilung

Eine nach § 5 Arbeitsschutzgesetz geforderte Beurteilung der für die Beschäftigten mit ihrer Arbeit verbundenen Gefährdungen und die Bestimmung erforderlicher Arbeitsschutzmaßnahmen. Jeder Arbeitsplatz ist gemäß den gesetzlichen Vorgaben zu beurteilen. Seit 1997 besteht zudem die Pflicht der Dokumentation. Die Beurteilung erfolgt oft nach typisierten Arbeitsplätzen (chemisches oder physikalisches Labor, Mechanische Werkstatt usw.) und beinhaltet die Zuordnung zu Gefährdungsklassen.

Gefährdungshaftung

Gefährdungshaftung (auch Erfolgshaftung) ist eine Haftung für Schäden, die sich aus einer erlaubten Gefahr ergeben. Die Haftung für einen Schaden tritt unabhängig vom Verschulden ein.

Gegenseitiger Nutzen

Siehe Grundsätze des Qualitätsmanagements.

Gemba

Ein Begriff japanischen Ursprungs, der den Ort des Entstehens meint, im betriebswirtschaftlichen Kontext auch den Ort der Wertschöpfung. Als Konzept der Managementlehre besagt Gemba, dass Problemlösungen dort stattfinden müssen, wo sie auftreten, etwa am Arbeitsplatz in der Produktion. Nur die unmittelbare und direkte Erfahrung vor Ort (mit allen Sinnen) könne ein adäquates Problemverständnis erbringen. Im Bereich der Kundenorientierung meint Gemba, dass die tatsächlichen Bedürfnisse eines Kunden in dessen realem Lebensumfeld erfahren werden müssen. Generell wird also die Höherwertigkeit eigener, direkter Erfahrung gegenüber einer „Erfahrung aus zweiter Hand" (z. B. schriftlicher Bericht) betont.

Gembutsu

Gembutsu (reale Dinge) bedeutet, vor Ort zu gehen, um einen Prozess oder Arbeitsplatz zu betrachten, statt eine Qualitäts-Sitzung „am grünen Tisch" abzuhalten. (Begriff japanischen Ursprungs).

Gemeinkosten

Kosten, die sich nicht direkt einer Leistungseinheit zurechnen lassen. Sie müssen vielmehr nach einem Verteilungsschlüssel auf die Kostenstellen umgelegt werden.

Gemjitsu

Echte Fakten bzw. wahre Tatsachen (und keine Vermutungen). Die „wahre Tatsache" lässt sich durch Datenerhebungen im Problemlösungsprozess erreichen. Als Kennzahlen dienen hier beispielsweise Fehler- und Ausschussraten, Entwicklungen im Zeitablauf. (Begriff japanischen Ursprungs).

Genauigkeit

Maß für die Abweichung zwischen Ermittlungsergebnissen und Bezugswert. Dieser kann je nach Festlegung oder Vereinbarung der wahre Wert, der richtige Wert oder der Erwartungswert sein. (In Anlehnung an DIN 55350-13)

G

G

Geräte- und Produktsicherheitsgesetz

Dieses Gesetz regelt in Deutschland das Inverkehrbringen und Ausstellen von Produkten sowie die Errichtung und den Betrieb überwachungsbedürftiger Anlagen. Das Geräte- und Produktsicherheitsgesetz löste am 01.05.2004 das Produktsicherheitsgesetz (ProdSG) und das Gerätesicherheitsgesetz (GSG) ab. Damit wurde die europäische Richtlinie über die allgemeine Produktsicherheit in Deutschland in nationales Recht umgesetzt.

Geschäftsprozess

Prozess, der durch konkrete Anforderungen der Kunden bestimmt wird und sowohl beim Kunden als auch bei der leistungserbringenden Organisation einen Nutzen (Wertschöpfung) produziert. Damit stellt ein Geschäftsprozess eine Vorgehensweise zur Lösung von Kundenproblemen dar.

Gesellschaft

Soziales Umfeld, in dem die Organisation tätig ist.

Anmerkung 1: Als Gesellschaft im engeren Sinn werden die Personen betrachtet, die in unmittelbarer Umgebung der Produktionsstätten oder Einrichtungen zur Realisierung von materiellen und immateriellen Produkten durch die betrachtete Organisation leben.

Anmerkung 2: Als Gesellschaft im weiteren Sinn wird die gesamte menschliche Gesellschaft betrachtet, da die Tätigkeiten von Organisationen Grenzen überschreitend wirksam werden können.

(DGQ-Band 11-04:2009)

Gewährleistung

Auch Mängelhaftung. Bestimmt Rechtsfolgen und Ansprüche, die dem Käufer im Rahmen eines Kaufvertrags zustehen, bei dem der Verkäufer eine mangelhafte Ware oder Sache geliefert hat. Auch beim Werkvertrag gibt es eine Gewährleistung für Mängel des hergestellten Werks. Von der gesetzlich vorgeschriebenen Gewährleistung ist die Garantie zu unterscheiden, da es keine gesetzliche Verpflichtung zur Abgabe eines Garantieversprechens gibt. Eine Richtlinie der EU bestimmt Mindeststandards für die Gewährleistung beim gewerblichen Verkauf an private Endverbraucher. Ansprüche bestehen grundsätzlich gegenüber dem Verkäufer, nicht dem Hersteller der Ware.

Gezielte Probenahme

Entnahme einer bestimmten, repräsentativen Teilmenge (Probe) aus einer Auswahleinheit. Dabei wurde aufgrund von im Voraus bekannten Informationen entschieden, dass eben diese Teilmenge in der Stichprobe berücksichtigt wird. (In Anlehnung an DIN 55350-14)

GLP

Gute Laborpraxis oder Good Laboratory Practice. Siehe Gute Laborpraxis.

GMP

Gute Fertigungspraxis oder Good Manufacturing Practice. Siehe Gute Fertigungspraxis.

GPO

Geschäftsprozess-Optimierung.

GPSG

Siehe Geräte- und Produktsicherheitsgesetz.

GQW

Gesellschaft für Qualitätswissenschaft e.V., Berlin.

Green Belt

Projektleiter von Six Sigma-Standardprojekten. Dem Green Belt obliegt die Organisation eines Projekts. Er wählt die Projektmitglieder aus, definiert gemeinsam mit dem Champion und dem Black Belt die Projektinhalte und Ziele und wendet einfachere Werkzeuge selbstständig an. Er stellt sicher, dass die erarbeiteten Verbesserungen in den täglichen Arbeitsablauf integriert werden und somit dauerhaft für das Unternehmen erhalten bleiben. Es hat sich als vorteilhaft erwiesen, wenn die Green Belts die Prozesseigentümer sind und damit ihr Interesse an einer nachhaltigen Verbesserung besonders groß ist.

Grenzabweichung

Untere Grenzabweichung oder auch **obere Grenzabweichung.** (In Anlehnung an DIN 55350-12)

Grenzbetrag

Betrag für Mindestwert und Höchstwert, wenn sich beide nur durch das Vorzeichen unterscheiden. (DGQ-Band 11-04:2009)

Grenzkosten

Kosten, die die Produktion einer zusätzlichen Einheit verursacht. Siehe auch variable Kosten.

Grenzmuster

Gegenstand, der den Grenzwert eines Qualitätsmarkmals physikalisch repräsentiert. (In Anlehnung an DIN 55350-15)

Grenzwert

Mindest- oder auch Höchstwert. (In Anlehnung an DIN 55350-15)

Grenzwertabstand

Höchstwert minus Istwert bzw. Istwert minus Mindestwert. (In Anlehnung an DIN 55350-12)

Grundgesamtheit

Gesamtheit der Einheiten, die betrachtet werden. (DIN 55350-14)

Grundsätze des Qualitätsmanagements

Die Grundsätze von Qualitätsmanagementsystemen werden in der Norm DIN EN ISO 9000:2005 mit acht Prinzipien beschreiben. Sie bilden die Basis für die Normen zu Qualitätsmanagementsystemen in der ISO-9000-Familie:

a) Kundenorientierung: Organisationen sind von ihren Kunden abhängig. Deshalb sollten sie aktuelle und künftige Erfordernisse der Kunden verstehen, ihre Anforderungen erfüllen und sich bemühen, die Kundenerwartungen zu übertreffen

b) Führung: Führungskräfte sorgen dafür, dass Zweck und Ausrichtung der Organisation übereinstimmen. Es ist Aufgabe der Führungskräfte, das interne Umfeld schaffen und erhalten, in dem sich Personen voll und ganz dafür engagieren können, die Ziele der Organisation zu erreichen.

c) Einbeziehung der Personen: Personen machen auf allen Ebenen das Wesen einer Organisation aus. Wenn sie vollständig einbezogen werden, können Sie ihre Fähigkeiten zum Nutzen der Organisation einsetzen.

d) Prozessorientierter Ansatz: Wenn Tätigkeiten und dazugehörige Ressourcen als Prozess geleitet und gelenkt werden, lässt sich ein erwünschtes Ergebnis effizienter erreichen.

e) Systemorientierter Managementansatz: Wenn miteinander in Wechselbeziehung stehende Prozesse als System erkannt, verstanden, geleitet und gelenkt werden, tragen sie zur Wirksamkeit und Effizienz der Organisation bei, so dass diese ihre Ziele erreichen kann.

f) Ständige Verbesserung: Ein dauerhaftes Ziel der Organisation ist die ständige Verbesserung der Gesamtleistung der Organisation.

g) Sachbezogener Ansatz zur Entscheidungsfindung: Wirksame Entscheidungen können dann getroffen werden, wenn sie auf der Analyse von Daten und Informationen basieren.

h) Lieferantenbeziehungen zum gegenseitigen Nutzen: Eine Organisation und ihre Lieferanten hängen voneinander ab. Beziehungen, die dem gegenseitigen Nutzen dienen, erhöhen die Wertschöpfungsfähigkeit von beiden Seiten. (In Anlehnung an DIN EN ISO 9000:2005)

Gruppenarbeit

Zusammenarbeit von Einzelpersonen an einem konkreten Thema. Wesentliche Vorbedingungen für eine erfolgreiche Gruppenarbeit sind:

- Unterstützung durch das Management,
- interdisziplinäre Zusammensetzung der Gruppenmitglieder und
- ausreichende methodische Kenntnisse der Teilnehmer hinsichtlich Durchführung von Gruppenarbeiten.

Ein Risiko bei Gruppenarbeit besteht darin, dass Verantwortung als „Wanderpokal" gesehen wird und damit jeder die Verantwortung an den nächsten weiterschiebt.

GS

Geprüfte Sicherheit. Siehe GS-Zeichen.

GS-Zeichen

Das GS-Zeichen steht als Sicherheitszeichen für Geprüfte Sicherheit. Es wurde 1977 eingeführt und basiert auf dem Geräte- und Produktsicherheitsgesetz (GPSG), wonach das Bundesministerium für Arbeit und Sozialordnung Prüfstellen bestimmen kann, die das Recht haben, das GS-Zeichen für Geräte und technische Arbeitsmittel, soweit diese vom GPSG erfasst sind, zu erteilen. Hierzu gehören Produkte für den gewerblichen und den privaten Bedarf.

Gute Fertigungspraxis

Dieser Standard der WHO stellt verbindliche Forderungen an die Hersteller von Lebensmitteln und Arzneimitteln. Im Gesundheitsbereich hat GMP Gesetzescharakter.

Gute Laborpraxis

Qualitätssicherungssystem, das sich mit dem organisatorischen Ablauf und den Rahmenbedingungen befasst, unter denen nichtklinische gesundheits- und umweltrelevante Sicherheitsprüfungen geplant, durchgeführt und überwacht werden, sowie mit der Aufzeichnung, Archivierung und Berichterstattung der Prüfungen. (GLP-Grundsätze der OECD)

100 %-Prüfung

Vollständige Qualitätsprüfung aller Einheiten eines Prüfloses. (In Anlehnung an DIN 55350-17)

HACCP

Hazard Analysis and Critical Control Points-System. Es handelt sich bei HACCP um ein systematisches Werkzeug im Rahmen eines Lebensmittel-Sicherheitsmanagements. Es dient dazu, präventive Maßnahmen festzulegen und damit Gefahren im Zusammenhang mit Lebensmitteln (z. B. Erkrankungen) zu vermeiden. HACCP bedeutet etwa Analyse von Gesundheitsgefahren und Festsetzung kritischer Punkte.

HALO-Effekt

Bei der Beurteilung eines Menschen („erster Eindruck") wird unbewusst nach dem auffälligsten Merkmal beim anderen geschaut und dieses Merkmal oder dieser Charakterzug wird dann verallgemeinert.

Hardware

Materielles Produkt, dessen Menge ein Zählmerkmal darstellt.

Anmerkung 1: Hardware wird häufig als Waren oder Sachgüter bezeichnet. (DGQ-Band 11-04:2009)

Häufigkeit

Anzahl, mit der ein bestimmtes Ergebnis oder Ereignis eintritt.

Häufigkeitsverteilung

Verteilung von Istwerten.

Anmerkung: Die Häufigkeitsverteilung für ein, zwei oder mehrere Merkmale heißt eindimensionale – univariate –, zweidimensionale – bivariate – oder mehrdimensionale – multivariate – Häufigkeitsverteilung. (DGQ-Band 11-04:2009)

Haupteffekt Diagramm

Siehe Main effect plot

Hauptprozess

Übergeordneter Prozess in einer Prozess-Hierarchie. Jeder Hauptprozess bildet eine organisatorische Einheit und gliedert sich wiederum in verschiedene Sub- oder Teilprozesse.

Heijunka

Harmonisierung des Produktionsflusses (Prozessglättung): Heijunka (Begriff japanischen Ursprungs) kann als Bestandteil des Just-in-Time-Gedankens angesehen werden. Der Produktionsfluss soll so harmonisiert werden, dass die Produktion mengenmäßig ausgeglichen wird. Damit werden Warteschlangen und Wartezeiten vermieden.

HGB

Handelsgesetzbuch.

Hinweis

Bewertung einer Auditfeststellung. Beispiel: Ein gefordertes Verfahren einer Normanforderung ist vollständig erfüllt bzw. ein gefordertes Verfahren im Unternehmen ist komplett installiert. Planung, Durchführung der geplanten Aktivitäten und Wirksamkeit der Aktivitäten können nachgewiesen werden. Der Hinweis weist auf ein Potenzial zur Wirksamkeitssteigerung hin. Eine Korrekturmaßnahme ist nicht zwingend erforderlich, auch die Erteilung oder Aufrechterhaltung eines Zertifikates ist nicht in Frage gestellt. Eine Empfehlungsmaßnahme kann durchgeführt werden.

Histogramm

Das Histogramm (Säulendiagramm) ist ein Qualitätswerkzeug (Q 7), um Daten zusammenzufassen und grafisch aufzubereiten. Die klassifizierten Daten werden dabei in Form von Säulen proportional in einem Diagramm erfasst. Das Ergebnis ist eine transparente Darstellung der Häufigkeitsverteilung der Daten.

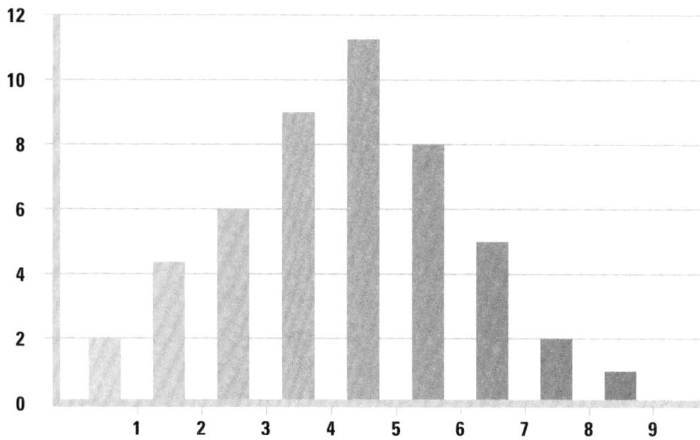

Hoshin-Prozess

Siehe Management by Policy.

House of Quality

Siehe Quality Function Deployment.

Hypothese

Siehe auch: Hypothesentest.

Hypothesen werden in den jeweiligen Hypothesentests definiert. Dabei repräsentieren Hypothesen die Übersetzung einer praktischen Frage in eine statistische Frage. Auf diese Weise wird ein Problem aus der „wirklichen Welt" in Begriffe beschrieben, die für wissenschaftliche Untersuchungen und Tests geeignet sind.

Im Wesentlichen beschränken sich Hypothesen-Aussagen auf den Vergleich von Mittelwerten und/oder Varianzen. Nach Durchführung von statistischen Verfahren (siehe Hypothesentest) werden die gemachten Hypothesen akzeptiert oder verworfen.

Dabei sind folgende Begrifflichkeiten zu unterscheiden:

Nullhypothese (H_0)

Hypothese, dass es keine Unterschiede zwischen den Gruppen gibt.

Beispiel: Die mittleren Lieferzeiten von Lieferant A und B sind gleich.

Alternativhypothese (H_a) (auch Arbeitshypothese genannt)

Hypothese, dass es Unterschiede gibt.

Beispiel: Lieferant A und B haben unterschiedliche mittlere Lieferzeiten.

Alpha-Risiko

Maximales Risiko, das der Untersuchende eingeht, dass man die Nullhypothese H0 verwirft, obwohl diese doch zutrifft.

Beta-Risiko

Risiko, dass man H_a verwirft und H_0 annimmt, obwohl es doch einen Unterschied gibt.

H

H

Hypothesentest

Siehe auch Hypothese.

Hypothesentests sind statistische Verfahren, um getroffene Annahmen bezüglich Unterschiede zwischen Gruppen von gemessenen Stichproben zu bestätigen oder zu widerlegen. Diese können sowohl für den Vergleich von Mittelwerten, als auch für Varianzen eingesetzt werden.

Folgende Grafik zeigt eine Aufgliederung der verschiedenen Hypothesentests:

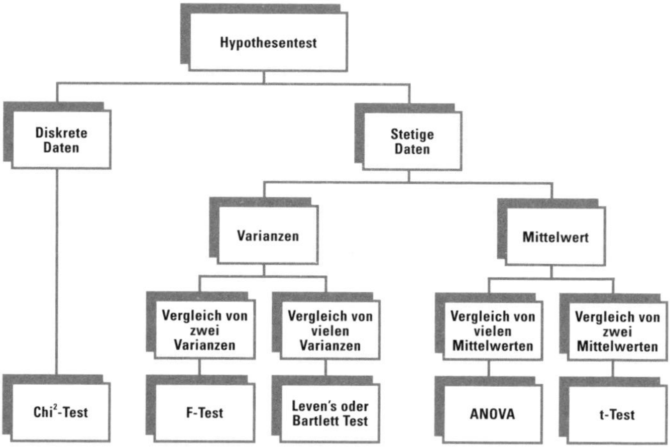

IAF

International Accreditation Forum, Cherrybrook (Australien). Weltweite Vereinigung der Akkreditierungsgesellschaften, die im Bereich der Akkreditierung von Managementsystemen, Produkten, Service, Personal oder anderen Programmen tätig sind.

IAOB

International Automotive Oversight Bureau in den USA (www.iaob.org). Mitglieder sind DaimlerChrysler, Ford Motor Company, General Motors sowie die Automotive Industry Action Group (AIAG). Ein Schwerpunkt der Tätigkeit ist das Managen des Automobil-Standards ISO/TS 16949.

IAQ

International Academy for Quality, Milwaukee (USA). Weltweite, unabhängige Non-Profit-Organisation von Spezialisten in Qualitätsfragen.

IATF

International Automotive Task Force. Arbeitsgruppe der großen Automobilhersteller und ihrer Zulieferer zur Harmonisierung der national eingeführten QM-Methoden sowie der QM-Standards. Aufgabe ist die Verbesserung der Produktqualität für Automobilkunden weltweit. In Deutschland ist der VDA Mitglied des IATF.

ICC

International Chamber of Commerce. Internationale Handelskammer.

IDOV

Identify – **D**esign – **O**ptimize – **V**alidate
Projektmanagementmethode innerhalb von Six Sigma, welche bei der Neuentwicklung von Prozessen zum Tragen kommt.

IDDOV

Identify – **D**efine – **D**esign – **O**ptimize – **V**alidate
Projektmanagementmethode innerhalb von Six Sigma, welche bei der Neuentwicklung von Prozessen zum Tragen kommt.

IDEA

Identify – **D**esign – **E**valuate – **A**ffirm
Projektmanagementmethode innerhalb von Six Sigma, welche bei der Neuentwicklung von Prozessen zum Tragen kommt.

IEC

Internationale elektrotechnische Kommission (International Electrotechnical Commission). Internationale Normierungsgremium mit Sitz in Genf für Normen im Bereich der Elektrotechnik und Elektronik.

IECQ

IEC Quality Assessment System for Electronic Components. Qualitätsbewertungssystem für Bauelemente der Elektronik.

ILEP

Initiative Ludwig-Erhard-Preis – Auszeichnung für Spitzenleistungen im Wettbewerb e.V., Frankfurt. Organisation, die jährlich den Ludwig-Erhard-Preis verleiht.

IMS

Siehe Integriertes Managementsystem.

Information

Daten mit Bedeutung.

Informationsmanagement

Management im Unternehmen in Bezug auf Information und Kommunikation: Es umfasst alle Führungsaufgaben in Bezug auf Information und Kommunikation.

Infrastruktur

Grundeinrichtungen personeller, materieller oder institutioneller Art (z. B. auch Dienstleistungen), die für das Funktionieren einer Organisation notwendig sind. (In Anlehnung an DIN EN ISO 9000:2005)

Inhärentes Merkmal

Inhärent bedeutet „einer Einheit innewohnend". Es ist eine kennzeichnende Eigenschaft, die einer Einheit ständig zugehörig ist. Wird ein inhärentes Merkmal verändert, ändert sich auch die Funktion der Einheit. Beispiel: Material und Gewindeneigung einer Schraube sind inhärente Merkmale. (Siehe Beschaffenheit)

Innovative Prozesskettenoptimierung

Systematik zur Optimierung von Prozessketten: Qualitätstechniken und Kreativitätstechniken werden miteinander vernetzt.

Inspektion

Siehe Prüfung.

Instandhaltung
Wartung, Pflege, Inspektion und Instandsetzung von technischen Mitteln eines Systems, um die Funktionsfähigkeit zu erhalten.

Interaction plot
Wechselwirkungsdiagramm (grafisches Werkzeug), mit dem analysiert wird, ob bei der Veränderung von mehr als einem Faktor in einer statistischen Versuchsplanung sich diese Faktoren untereinander beeinflussen und Wechselbeziehungen vorliegen. Ebenso wie der Main effect plot wird der Interaction plot im Six Sigma DMAIC-Zyklus in der Improve-Phase eingesetzt.

Integriertes Managementsystem
Gemeinsamer Aufbau bzw. Zusammenführung von (Teil-)Managementsystemen wie beispielsweise Qualitäts-, Umwelt-, Arbeitsschutz- oder Gesundheitsschutz-Managementsystemen.

Interessengruppen
Siehe Interessierte Partei.

Interessierte Partei
Gruppe oder Person, die ein Interesse an der Leistung oder dem Erfolg einer Organisation hat. Eine Gruppe kann eine Organisation, einen Teil davon oder mehrere Organisationen umfassen. Als Beispiele für eine interessierte Partei nennt die Norm: Kunden, Eigentümer, Personen in einer Organisation, Lieferanten, Bankiers, Vereinigungen, Partner oder die Gesellschaft. (In Anlehnung an DIN EN ISO 9000:2005)

International Telecom munication Union
Internationale Fernmeldeunion (International Telecommunication Union bzw. Union internationale des télécommunications, UIT) mit Sitz in Genf. Unterorganisation der Vereinten Nationen, die sich mit den technischen Aspekten der Telekommunikation beschäftigt. Hier werden internationale und weltweit gültige Standards festgelegt.

Interne Berichte

Zusammenstellung von produktbezogenen Aufzeichnungen, die für die Planung, Lenkung oder Prüfungen erforderlich oder nützlich sind.

Anmerkung: Interne Berichte zu Qualität, Umweltschutz und Arbeitsschutz werden periodisch und bei Bedarf erstellt. Beispiele sind Prüfberichte, Prüfprotokolle, Fehlersammelkarten, Qualitätsregelkarten, Untersuchungen über den Trend der Merkmalswerte kritischer Merkmale abhängig von der Zeit. (DGQ-Band 11-04:2009)

Interne Kunden-Lieferanten-Beziehung

Eine interne Kunden-Lieferanten-Beziehung ist dann gegeben, wenn innerhalb einer Organisation Abteilungen oder Bereiche, die Leistungen von anderen Bereichen erhalten, als interner Kunde verstanden werden. Damit werden Mitarbeiter sowohl zu Kunden als auch zu internen Dienstleistern bzw. Lieferanten.

Internes Qualitätsaudit

Siehe Erstparteien-Audit.

IPC

Integrated Process Control.

IPO

Siehe Innovative Prozesskettenoptimierung.

IQM

Integrated Quality Management. Integriertes Qualitätsmanagement.

IQNet

The International Certification Network, Bern (Schweiz). Internationales Netzwerk von 36 Zertifizierungsgesellschaften weltweit, das seit 1990 aktiv ist.

Ishikawa

Der Japaner Kaoru Ishikawa (1915-1989) gilt als Denker und bedeutende Persönlichkeit der Qualitätswissenschaft. Seine Tätigkeitsschwerpunkte waren „Company-Wide Quality Control", der „Qualitätszirkel" und insbesondere das nach ihm benannte „Ursache-Wirkungs-Diagramm".

Ishikawa-Diagramm

Das Ishikawa- oder auch Ursache-Wirkungs-Diagramm ist ein Qualitätswerkzeug (Q 7) zur Problemanalyse, bei dem Ursache und Wirkung voneinander getrennt werden. Die Wirkung bzw. das Problem steht auf der rechten Seite des Diagramms, während die möglichen Einflussgrößen oder Ursachen im linken Teil aufgelistet werden. Die häufigste Art des Aufbaus ist eine Darstellung der 5-M-Einflussfaktoren: Mitwelt, Methode, Mensch, Material, Maschine. Weitere Arten des Aufbaus sind die 3-M-Einflussfaktoren (Mitwelt, Messbarkeit, Management) und die 7-M-Einflussfaktoren (Mensch, Management, Maschine, Methode, Material, Messbarkeit, Mitwelt).

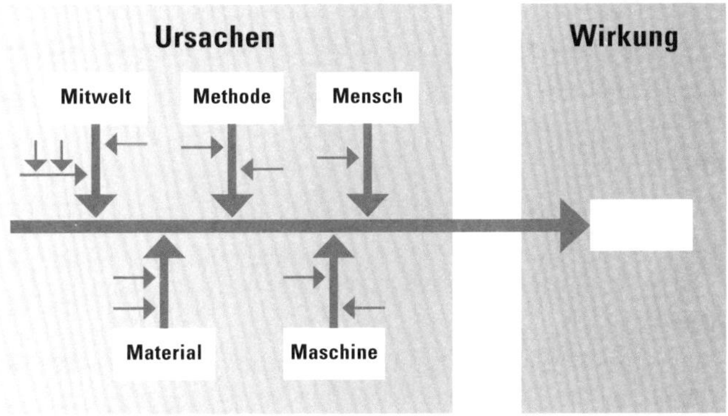

ISO

International Organization for Standardization, Genf. Internationale Vereinigung von Normungsorganisationen.

ISO/TC 176

Technical Committee 176 on Quality Management and Quality Assurance. Technisches Komittee der ISO für Qualitätsmanagement und Qualitätssicherung, das für die Entwicklung der Normenreihe ISO 9000 verantwortlich ist.

ITU

Siehe International Telecommunication Union.

JAMA

Japan Automobile Manufacturers Association Inc. – Verband der japanischen Automobilhersteller. Die ISO/TS 16949 wurde von der IATF und der JAMA unterstützt, von Vertretern des ISO/TC 176 erarbeitet.

Jidoka

Selbststeuerndes Fehlererkennungssystem. Jidoka (Begriff japanischen Ursprungs) fungiert als Hilfsmittel, um auftretende Probleme zu lokalisieren und zu melden. Maschinen erkennen automatisch Fehlfunktionen an Produktionsteilen und stoppen die weitere Produktion. Dies verhindert die weitere Bearbeitung von fehlerhaften Teilen.

JIT

Siehe Just-in-time.

Joint-Venture

Kooperationen von Gesellschaften, die zu einer Neugründung einer rechtlich selbstständigen Gesellschaft führt. Beide Gründungsgesellschaften sind mit ihrem Kapital beteiligt. Außerdem bringen die Gründungsgesellschaften häufig einen großen Ressourcenanteil an Technologie, Schutzrechten, technischem bzw. Marketing-Know-how und/oder Betriebsanlagen in das neue Unternehmen ein.

JSA

Japanese Standards Association, Tokyo, Japan.

JSQC

Japanese Society of Quality Control, Tokyo, Japan.

Juran

Der rumänisch-amerikanische Wirtschaftsingenieur Joseph M. Juran (1904–2008) gilt als Denker und bedeutende Persönlichkeit der Qualitätswissenschaft. Sein Tätigkeitsschwerpunkt war die „Qualitäts-Trilogie". Der Prozess einer systematischen und kontinuierlichen Qualitätsverbesserung resultiert in drei wiederkehrenden Schritten, nämlich Qualitätsplanung, Qualitätsregelung und Qualitätsverbesserung (Qualitäts-Trilogie).

JUSE

Union of Japanese Scientists and Engineers, Tokyo, Japan.

Justierung

Genaues Einstellen (Abgleichen) eines Messgeräts durch verändernden Eingriff in das Messgerät, um Messabweichungen auf ein akzeptables Maß zu minimieren.

Just-in-time

Organisationsprinzip und Beschaffungsstrategie mit dem Ziel der verschwendungsfreien und bedarfsgerechten Realisierung von übergreifenden Prozessen. Die richtigen Produkte sollen zur richtigen Zeit und in der benötigten Menge beschafft und zur weiteren Verarbeitung zur Verfügung gestellt werden. Wird dieser Teilefluss durchgehend praktiziert, kann der Lagerbestand gegen Null gehen. Dieses Prinzip wird heutzutage durch just-in-sequence weiterentwickelt.

K 7

Siehe Kreativitätstechniken.

Kaizen

Streben nach Ständiger Verbesserung. Dieser Begriff ist japanischen Ursprungs und bedeutet die Veränderung zum Besseren hin. Kaizen ist eine Denkweise bzw. Geisteshaltung, die sowohl Weg als auch Ziel der kontinuierlichen, stetig fortschreitenden Verbesserung ausdrückt.

Kalibrierintervall

Zeitlicher Abstand zwischen zwei Kalibrierungen.

Kalibrierung

Vergleich des Mess- oder Erwartungswertes der Ausgangsgröße mit dem wahren oder richtigen Wert der Eingangsgröße für eine bestimmte Messeinrichtung unter vorgegebenen Bedingungen. Das Messgerät wird dabei nicht verändert. (In Anlehnung an DIN 1319-1)

Kanban

Materialfluss-Steuerungssystem auf der Basis von Karten als Informationsträger. Der Begriff Kanban ist japanischen Ursprungs und steht für Karte oder Schild. Es ist ein Instrument, das mithilfe von Karten den Material- und Informationsfluss im Produktionsbereich steuert. Dieses Steuerungsinstrument dient dazu, eine mindestbestandorientierte Fertigungsdisposition auf allen Fertigungsstufen zu realisieren. Kanban wird dann angewendet, wenn ein Produktionssystem nach dem Just-in-Time-Prinzip erreicht werden soll.

Kaskadenprozess

Herunterbrechen von Zielen in einer Organisationseinheit. Es werden Leistungsindikatoren und Kennzahlen definiert, die für die jeweilige Einheit messbar und beeinflussbar sind und die letztendlich verknüpft sind mit den Gesamtunternehmenszielen.

KBA

Kraftfahrt-Bundesamt, Flensburg.

Kennzahl

Merkmalswert, der zur Überwachung und Bewertung der Leistung eines Prozesses sowie zu seiner Steuerung herangezogen werden kann. Auch „ Leistungsindikator" oder „Erfolgsfaktor".

Anmerkung 1: Die Kennzahl wird oft auch Leistungsindikator oder Erfolgsfaktor genannt.

Anmerkung 2: Die Kennzahl ist eine Verhältniszahl und stellt immer einen Bezug zu einer Einheit her. (DGQ-Band 11-04:2009)

Kennzahlensystem

Kennzahlen sind Werte zur Messung von Leistungen, der Effizienz von Prozessen oder zur Bestimmung eines erreichten Erfolges. Sie dienen der Leitung und Steuerung auf allen Ebenen. Das gesamte Kennzahlensystem des Unternehmens gibt nicht nur Auskunft über Produktion und Finanzen, es umfasst vielmehr alle Handlungsbereiche (z. B. Führung, Kunden, Mitarbeiter, Zielemanagement, Sachverhalte aus der Umwelt oder relevante Veränderungen). Eine systematische Analyse der Kennzahlen und ihres Zusammenhangs lässt erkennen, ob, wo und wann ein Unternehmen seine Prioritäten neu zu setzen hat oder wo etwa Ungleichgewichte zwischen Handlungsfeldern bestehen.

Kernprozess

Prozess, der unter Berücksichtigung der Unternehmensausrichtung strategisch wichtig ist und wesentlich zum Geschäftserfolg beiträgt. Kernprozesse zeichnen sich durch folgende Aspekte aus: Wertschöpfung, der (externe) Kunde steht am Anfang und am Ende des Prozesses, sie tragen wesentlich zum Unternehmenserfolg und zur Kundenzufriedenheit bei, sie haben direkten Kundenbezug und direkte Kundenauswirkung, der Kunde ist bereit, für den Output des Prozesses zu bezahlen.

Key Account

Schlüsselkunde.

Key Account Management

Entstand als Teilbereich des Kundenmarketing in den 60er-Jahren und bezeichnet die systematische Pflege der Beziehungen zu wichtigen Kunden (Schlüsselkunden). Da oft wenige Kunden den größeren Teil des Umsatzes ausmachen, lohnt es für Unternehmen, ihre Key Accounts besonders zu betreuen. Meist wird ein fester Ansprechpartner etabliert (Key Account Manager), der vor allem dafür Sorge tragen soll, dass der wichtige Kunde selbst in seinem Markt Erfolg hat. Key Account Management meint nicht den Verkauf von Produkten an Großkunden. Vielmehr ist gefordert: Lösungen liefern, bei Prozessoptimierungen helfen, mitzuwirken bei der Entwicklung neuer Produkte und Dienstleistungen, bei der gemeinsamen Erschließung neuer Geschäftsfelder oder bei Strategie- und Zukunftsplanungen. Denn die Bedeutung eines Kunden liegt nicht notwendigerweise im Umsatz, sie kann ebenso in einem durch diesen vermittelten Zugang zu neuen Märkten (Regionen, Kundengruppen) oder in einer durch diesen ermöglichten oder erleichterten Entwicklung neuer Technologien und Produkte liegen. Key Account Management findet man besonders in der Konsum- und Investitionsgüterindustrie.

Klarzeit

Zeitintervall, während dessen eine Einheit in betriebsfähigem Zustand ist. (DGQ-Band 11-04:2009). Siehe Unklarzeit.

Klasse

Bei einer Klassenbildung entstehender Teilbereich von Merkmalswerten. (DGQ-Band 11-04:2009)

Klassenbildung

Klassifizierung: Der Wertebereich eines Merkmals wird in Teilbereiche (Klassen) aufgeteilt. Diese schließen einander aus und füllen den Wertebereich vollständig aus. (In Anlehnung an DIN 55350-23)

KMU

Kleine und mittlere Unternehmen.

Knowledge Management

Siehe Wissensmanagement.

Kompatibilität

Eignung von verschiedenen Einheiten, unter spezifischen Bedingungen für einen festgelegten Zweck zusammen benutzt zu werden, um für sie geltende Forderungen zu erfüllen. (DGQ-Band 11-04:2009)

Kompetenz

Nachgewiesene Befähigung, um Wissen und Fertigkeiten ergebnisorientiert anzuwenden. (In Anlehnung an DIN EN ISO 9000:2005 und DIN EN ISO 19011:2011)

Konfiguration

Anordnung der Elemente einer Einheit. (DGQ-Band 11-04:2009)

Konfigurationsmanagement

Gesamtheit der Tätigkeiten zur Sicherstellung der zweifelsfreien Rückverfolgbarkeit der Konfiguration über alle Stufen der Weiterentwicklung eines Produkts von einer festgelegten Bezugskonfiguration an. (DGQ-Band 11-04:2009)

Konformität

Eine Anforderung wird erfüllt. (In Anlehnung an DIN EN ISO 9000:2005)

Konformitätserklärung

Siehe Anbietererklärung.

Konstruktions-FMEA

Siehe Fehler-Möglichkeits- und Einfluss-Analyse.

Kontinuierliche Daten

Siehe quantitative Daten.

Kontinuierliches Merkmal

Quantitatives Merkmal. Ein kontinuierliches Merkmal kann innerhalb seines Wertebereichs unendliche viele verschiedene Werte annehmen. (In Anlehnung an DIN 55350-12)

KonTraG

Gesetz zur Kontrolle und Transparenz im Unternehmensbereich. Das KonTraG trat am 01.05.1998 in Kraft und hat zum Ziel, die Corporate Governance (Methoden und Instrumente zur Leitung und Überwachung von Organisationen) in deutschen Unternehmen zu verbessern.

Korrektur

Maßnahme, um einen erkannten Fehler zu bereinigen. Auch Nacharbeit oder Neueinstufung zählen zur Korrektur. (In Anlehnung an DIN EN ISO 9000:2005)

Korrekturmaßnahme

Maßnahme, um die Ursache eines erkannten Fehlers oder einer anderen unerwünschten Situation dauerhaft abzustellen. Häufig gibt es mehrere Ursachen für einen aufgetretenen Fehler. Eine Korrekturmaßnahme dient dazu, das erneute Auftreten eines Fehlers zu verhindern während eine **Vorbeugungsmaßnahme** das Auftreten des Fehlers abwenden soll. (In Anlehnung an DIN EN ISO 9000:2005)

Korrelation

Aussagen über den linearen Zusammenhang zweiter Variablen. Siehe hierzu: Korrelationsdiagramme.

Korrelationsdiagramm

Korrelationen sind mit statistischen Verfahren ermittelte Beziehungen zwischen Faktoren bzw. Variablen. Der einfachste Zusammenhang ist die positive Linearität (wenn X um 1 wächst, wächst auch Y um 1). Die grafische Darstellung einer Korrelation geschieht durch ein Korrelationsdiagramm (Q 7). Dabei werden die Variablen- bzw. Faktorenwerte auf einer X- und einer Y-Achse durch Punkte im Diagramm dargestellt und zu einer Linie verbunden. Der Verlauf der Linie gibt Aufschluss über die Art des Zusammenhangs (positiv, negativ, linear, exponentiell usw.). Korrelationen dürfen nicht als kausale Zusammenhänge missverstanden werden.

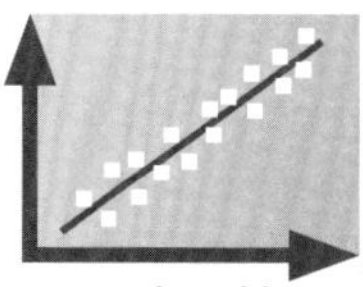

stark positiv

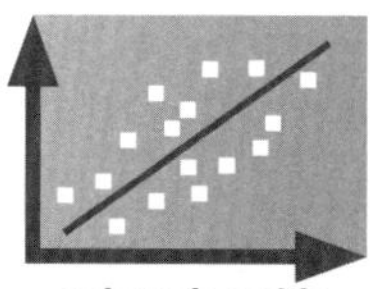

schwach positiv

keine Korrelation

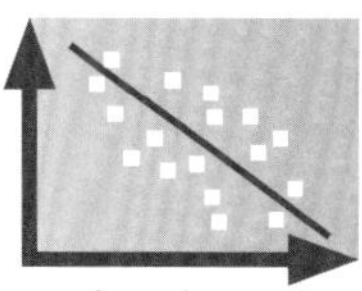

schwach negativ

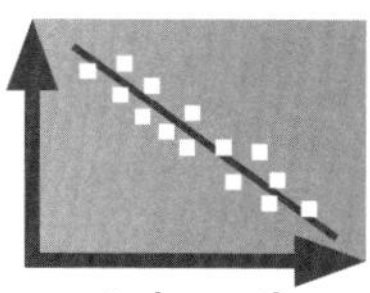

stark negativ

Korrelationskoeffizient (r)

Maß für die Stärke des linearen Zusammenhangs zwischen einem Einflussfaktor (x) und der Ausgangsgröße (Y). Diese Methode wird zur Identifizierung von signifikanten Einflussfaktoren herangezogen. Der Korrelationskoeffizient (r) kann einen Wert von -1 bis +1 annehmen.

KPI

Key Performance Index. Kennzahl zur Ermittlung und Messung des Erfüllungsgrades wichtiger Zielsetzungen oder kritischer Erfolgsfaktoren.

KPQM

Knowledge Process Quality Model: Modell zur Reifegradbewertung von Wissensprozessen. Es beschreibt die Entwicklung der Prozessreife auf sechs Stufen (Stufe 0–5 von Initial bis Kontinuierliche Verbesserung). Diese werden jeweils anhand von vier Entwicklungspfaden (Ablauforganisation, Mitarbeitereinsatz und Wissensnetzwerke, Akzeptanz und Motivation, rechnerbasierte Unterstützung) untersucht. Aus den Bewertungsergebnissen können priorisierte Maßnahmen für das Wissensmanagement abgeleitet werden.

Kreativitätstechniken

Die (sieben) Kreativitätstechniken eignen sich für alle Situationen im Unternehmen, in denen neue Ideen gesucht werden. Es sind dies im Einzelnen: Mind-Mapping, Progressive Abstraktion, Morphologischer Kasten, Methode 635, Synektik-Sitzung, visuelle Synektik, Reizwort-Analyse. Siehe dort.

Kritische Abweichung

Bewertung einer Auditfeststellung. Eine (kritische) Abweichung (Nichtkonformität) ist dann gegeben, wenn ein komplettes, gefordertes Verfahren einer Normanforderung nicht erfüllt bzw. im Unternehmen nicht installiert ist. Die Nichterfüllung bezieht sich auf den ganzen Unterpunkt eines Kapitels. Dies beinhaltet sowohl die fehlende Planung als auch die fehlende wirksame Umsetzung. Eine (kritische) Abweichung (Nichtkonformität) macht in jedem Fall eine Korrekturmaßnahme erforderlich. Erst nach der wirksamen Realisierung und Beseitigung der Abweichung (Nichtkonformität) kann ein Zertifikat erteilt werden.

Kritischer Fehler

Fehler, bei dessen Entstehen für die betreffende Umgebung kritische Folgen wirksam werden können. (DGQ-Band 11-04:2009)

KTA

Kerntechnische Anlagen.

KTQ

Kooperation für Transparenz und Qualität im Gesundheitswesen (Qualitätsstandard als Branchenlösung für Krankenhäuser, Rehabilitation, Pflegeeinrichtungen, alternative Wohnformen und Arztpraxen). Mitte der 90er-Jahre wurde die Gruppe KTQ gegründet mit dem Ziel der kontinuierlichen Qualitätsverbesserung im Krankenhaus. Das KTQ-Modell ist ein praxisbezogenes Verfahren zur Beurteilung der Qualität und der Sicherheit. Weiterhin ist es Ziel, die Transparenz der Leistungsqualität und die medizinische Leistung zu erhöhen sowie neue Qualitätselemente zu implementieren. Die KTQ GmbH ist heute ein wichtiger Anbieter von Qualitätsmanagement-Darlegungssystemen für Einrichtungen des Gesundheitswesens in Deutschland. Weiterhin ist KTQ ein eingetragenes Warenzeichen. Außerdem ist eine Zertifizierung nach dem KTQ-Verfahren möglich.

Kuchendiagramm

Auch Tortendiagramm oder Kreisdiagramm. Daten werden grafisch als Kuchen(stücke), Torten(stücke) bzw. Kreise dargestellt.

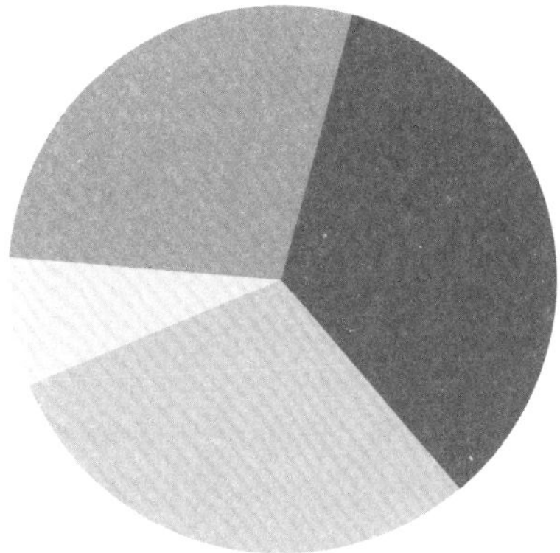

K

Kunde

Empfänger (Organisation oder Person) eines Produkts. Es kann sich dabei um einen Außenstehenden handeln (externer Kunde) oder der Kunde kann der Organisation angehören (interner Kunde). Als Beispiele nennt die Norm: Klient, Endanwender, Einzelhändler, Nutznießer und Käufer. (In Anlehnung an DIN EN ISO 9000:2005)

Kundenanforderung

Siehe Anforderung.

Kundendienst

Dienstleistung eines Lieferanten gegenüber seinem Kunden bzw. Auftraggeber mit dem Zweck, dass diesem sein Angebotsprodukt auch nach dem Gefahrübergang während der ganzen Produkt-Lebensdauer den geforderten oder erwarteten Nutzen bringt. (DGQ-Band 11-04:2009)

Kundenorientierung

Ausrichtung sämtlicher Tätigkeiten und Abläufe eines Unternehmens auf die Wünsche und Erwartungen seiner Kunden. Kundenorientierung zählt zu den Acht Grundsätzen des Qualitätsmanagements (siehe Grundsätze des Qualitätsmanagements).

Kunden-Rückinformation

Aussage des Kunden, wie er die Qualität des gelieferten Produkts wahrnimmt.

Anmerkung 1: Kundenrückinformation kann z. B. die Weitergabe von Ergebnissen aus Produktverhaltensprüfungen durch den Kunden bzw. den Auftraggeber an den Lieferanten des Angebotsprodukts sein. (DGQ-Band 11-04:2009)

Kundenzufriedenheit

Wahrnehmung des Kunden inwieweit seine Anforderung erfüllt worden sind. Kundenbeschwerden können ein Indikator für Kundenunzufriedenheit sein. Fehlende Kundenbeschwerden sind aber nicht zwingend ein Zeichen für hohe Kundenzufriedenheit. Auch bedeutet eine Erfüllung der vereinbarten Kundenanforderungen nicht notwendigerweise, dass Kundenzufriedenheit gewährleistet ist. (In Anlehnung an DIN EN ISO 9000:2005)

KVP

Kontinuierlicher Verbesserungsprozess. Siehe Ständige Verbesserung.

Labor

Einrichtung zur Durchführung von Prüfungen, Tests oder Kalibrierungen. Diese können chemische, metallurgische, geometrische, physikalische, elektrische oder Zuverlässigkeitstests einschließen. (In Anlehnung an ISO/TS 16949:2009)

Lastenheft

Grobkonzept, das die Anforderungen, Erwartungen und Wünsche an ein geplantes Produkt beschreibt.

LCC

Life Cycle Costs. Siehe Lebenszykluskosten.

Lean Management

Verflachung der Hierarchie und bessere Kunden-Lieferanten-Beziehungen durch Verschlankung des Unternehmens sowie Vermeidung von Ressourcenverschwendung.

Lean Quality Management

Siehe Lean Management.

Lebenszykluskosten

Kombination von Investitions- und Kostenrechnung, die auf das Konzept des Lebenszyklus zurückgreift. Hier werden Kosteneinflussgrößen berücksichtigt, die sich häufig in der Kostenrechnung nicht finden. Die Kosten eines Produkts werden über all seine Lebensphasen (von der Entwicklung bis zur Entsorgung) analysiert. Daraus ergeben sich Empfehlungen für die Produktgestaltung sowie die Beschaffung mit dem Ziel, die gesamten Kosten zu optimieren.

Leitfäden

Empfehlungen oder Vorschläge, die in Dokumenten dargestellt werden. (In Anlehnung an DIN EN ISO 9000:2005)

Lieferant

Eine Organisation oder Person, die ein Produkt bereitstellt. Ein Lieferant kann zur Organisation gehören (interner Lieferant) oder ein Außenstehender sein (externer Lieferant). Außerdem findet sich gelegentlich der Begriff „Auftragnehmer", wenn es sich um eine Vertragssituation handelt. Beispielhaft werden von der DIN EN ISO 9000:2005 als Lieferant auch Hersteller, Vertriebseinrichtung, Einzelhändler, Verkäufer eines Produkts oder Erbringer einer Dienstleistung oder Bereitsteller von Informationen genannt. (In Anlehnung an DIN EN ISO 9000:2005)

Lieferantenaudit

Qualitätsaudit durch den Kunden und Mittel zur Lieferantenbewertung. Siehe Zweitparteien-Audit.

Lieferantenbeurteilung

Beurteilung des Leistungsvermögens eines Lieferanten durch den Auftraggeber. QM-Systeme bieten verschiedene Verfahren der Lieferantenbeurteilung.

- Vor der Auftragserteilung: Sammlung von Informationen, die die Fähigkeit des Lieferanten widerspiegeln, z. B. durch ein Audit;
- Nach der Auftragserteilung: Überwachung des QM-Systems des Lieferanten durch den Auftraggeber, einen von ihm Beauftragten oder eine unabhängige Stelle (Lieferantenaudit), Prüfung des Angebotsprodukts vor Ort beim Lieferanten durch den Auftraggeber oder einen von ihm Beauftragten und/oder Eingangsprüfung des Angebotsprodukts beim Auftraggeber mit ständiger Bewertung der Fähigkeit des Lieferanten. (In Anlehnung an DIN 55350-11)

L

Lieferantenbewertung

Wiederkehrende, regelmäßige Beurteilung der Lieferanten durch den Abnehmer, d.h. die Beurteilung nach Aufnahme von Kunden-Lieferantenbeziehungen.

Lieferantenbeziehung

Lieferantenbeziehungen zum gegenseitigen Nutzen zählen zu den Acht Grundsätzen des Qualitätsmanagements (siehe Grundsätze des Qualitätsmanagements).

Lieferantenerklärung

Siehe Anbietererklärung.

Lieferantenmanagement

Management der Beziehungen zu Lieferanten. Dazu zählen die Auswahl der Lieferanten und der zu beschaffenden Produkte sowie die Festlegungen zur Überwachung und laufenden Beurteilung der Lieferanten und der zu beschaffenden Produkte.

Lieferlos

Ein oder mehrere Lose, die zu einem Zeitpunkt als Ganzes geliefert werden. (DGQ-Band 11-04:2009)

Life Cycle Costs

Siehe Lebenszykluskosten.

LIMS
Labor-Informations-Management-System. Es handelt sich um eine Kategorie von Softwaresystemen, die sich mit der Datenverarbeitung im chemischen, physikalischen, biologischen, medizinischen Labor befasst.

Logistikqualität
Lieferfähigkeit und Liefertreue: Der Kunde erhält die richtigen Produkte in der richtigen Menge am richtigen Ort und zum richtigen Zeitpunkt.

Lorenz-Kurve
Grafische Darstellung von statistischen Verteilungen und Veranschaulichung des Ausmaßes an Ungleichheit. Sie wurde von Max Otto Lorenz entwickelt.

Los
Menge oder Teilmenge eines Produkts, die unter Bedingungen hergestellt werden, die als einheitlich betrachtet werden können. (In Anlehnung an DIN 55350-31)

Losumfang
Anzahl der Einheiten, die in einem **Los** enthalten sind. (In Anlehnung an DIN 55350-31)

LOV-Chart
Flussdiagramm mit Zuordnung der Organisationseinheit. Die direkte Schnittstelle zum Prozesskunden (Line of Visibility) wird darin deutlich sichtbar. Weiterhin zeigt das LOV-Chart, welche Organisationseinheit mit welchem Prozess-Schritt befasst ist.

LQ
Limiting Quality. Siehe Rückzuweisende Qualitätsgrenzlage.

LQL
Limity Quality Level.

L

Ludwig-Erhard-Preis

Der Ludwig-Erhard-Preis ist ein Deutscher Qualitätspreis für Spitzenleistungen im Wettbewerb, der jährlich von der Initiative Ludwig-Erhard-Preis – Auszeichnung für Spitzenleistungen im Wettbewerb e.V. (ILEP) verliehen wird. Er wurde erstmalig 1997 vergeben. Der Aufbau des Bewertungsschemas entspricht dem des Europäischen Qualitätspreises. Der Ludwig-Erhard-Preis schließt die Lücke zwischen einzelnen Landespreisen in Deutschland und dem EEA. Diese Auszeichnung trägt den Namen des deutschen Wirtschaftsministers und Bundeskanzlers Ludwig Erhard (1897–1977), dem „Vater des Wirtschaftswunders".

M 7

Siehe Managementwerkzeuge

Magisches Dreieck

Verhältnis von Qualität, Kosten und Zeit. Ziel muss es sein, alle drei Faktoren gleichzeitig zu verbessern.

Main effect plot

= Haupteffekt-Diagramm

Grafisches Werkzeug zur Identifizierung des Einflusses einer Variablen auf die Ausgangsvariable. Main effect plots werden hauptsächlich in der DOE (Design of Experiments) eingesetzt, um zu untersuchen, wie signifikant der Einfluss einer Variablen auf die zu untersuchende Ausgangsgröße ist.

Malcolm Baldrige National Quality Award

Qualitätspreis in den USA. Dieser Award basiert auf einem TQM-Modell: In sieben Kategorien können maximal 1000 Punkte erreicht werden. Der Preis wird seit 1988 jährlich an jeweils ein Unternehmen aus den Branchen Produktion und Dienstleistung sowie an ein KMU verliehen.

Management

Tätigkeiten zur Leitung und Lenkung einer Organisation, die aufeinander abgestimmt sind. Die DIN EN ISO 9000:2005 versteht unter Management nicht ein oder mehrere Personen oder Personengruppen, die die Befugnis und Verantwortung für die Führung und Lenkung einer Organisation haben. Sie empfiehlt deshalb, den Begriff Management durch ein anderes Wort zu ersetzen (z. B. „die oberste Leitung" statt „Management"), um Verwechslungen mit dem oben definierten Begriff zu vermeiden. (In Anlehnung an DIN EN ISO 9000:2005)

Management by Objectives

Management durch Zielvereinbarung.

Management by Policy

Management der Ziele (im Gegensatz zu Management by Objectives). Dieses Verfahren basiert auf dem japanischen Prinzip des Hoshin Kanri. Hoshin bedeutet Ziel oder Richtung und Kanri steht für Management bzw. Controlling.

Management-Beauftragter

Siehe Qualitätsmanagement-Beauftragter.

Management-Handbuch

Siehe QM-Handbuch.

Managementprozess

Prozess, der Weisungs- und Entscheidungscharakter besitzt. Managementprozesse werden auch Steuerungs- oder Führungsprozesse genannt. Dazu zählen insbesondere Personalplanungs-, Unternehmensplanungs- und Zielvereinbarungsprozesse sowie die Wahrnehmung gesetzlicher Unternehmerpflichten.

Management Review

Systematische und regelmäßig durchgeführte Überprüfung des Managementsystems durch die oberste Unternehmensführung. Es zielt darauf ab, die Funktionalität, Effektivität und Effizienz eines Managementsystems sicherzustellen und zu verbessern. Im Rahmen einer Zertifizierung ist ein durchgeführtes Review pro Jahr ausreichend. Um Reviews als Tool zur kontinuierlichen Verbesserung zu nutzen, sollten sie mehrmals pro Jahr stattfinden. Im Falle eines QM-Reviews sind folgende Aspekte in jedem Fall zu betrachten: Ergebnisse von Audits, Rückmeldungen von Kunden, Prozessleistung und Produktkonformität, Status von Korrektur- und Vorbeugungsmaßnahmen, Maßnahmen aus vorigen Bewertungen, Änderungen mit Auswirkungen auf das QM-System sowie Empfehlungen für Verbesserungen.

Managementsystem

System, um Politik und Ziele festzulegen sowie diese auch zu erreichen. Das Managementsystem einer Organisation kann verschiedene Systeme wie beispielsweise ein Qualitätsmanagementsystem, ein Finanzmanagementsystem oder ein Umweltmanagementsystem umfassen. (In Anlehnung an DIN EN ISO 9000:2005)

Managementwerkzeuge

Die (sieben) Managementwerkzeuge sind Problemlösungstechniken, die auf Basis visueller Methoden der Analyse verbaler Informationen dienen. Diese Tools werden vorzugsweise zur Bearbeitung komplexer Fragestellungen oder dann eingesetzt, wenn keine oder wenige numerische Daten zur Verfügung stehen.
Es sind dies im Einzelnen: Affinitätsdiagramm, Relationendiagramm, Baumdiagramm, Matrixdiagramm, Matrix-Daten-Analyse (Portfolio-Analyse), Problem-Entscheidungsplan und Netzplan.

Mangel

Nichterfüllung einer Forderung, so dass ein beabsichtigter oder festgelegter Gebrauch nicht möglich ist. Die DIN EN ISO 9000:2005 weist aufgrund der rechtlichen Bedeutung (insbesondere in Verbindung mit Produkthaftung) auf die begriffliche Unterscheidung zwischen und Mangel und Fehler hin und empfiehlt, den Begriff „Mangel" mit äußerster Vorsicht zu verwenden. Ein Mangel kann auch dann vorliegen, wenn der vom Kunden beabsichtigte Gebrauch durch die bereitgestellten Informationen (z. B. Gebrauchs- oder Instandhaltungsanweisungen) beeinträchtigt wird. (In Anlehnung an DIN EN ISO 9000:2005)

Maschinenfähigkeit

Eignung der Maschine. Maschinenfähigkeitsmaßzahlen, die durch die Maschinenfähigkeitsuntersuchung ermittelt werden, sind der C_M und C_{MK}-Wert. Sie stellen eine Schätzung der Streuung des interessierenden, quantitativen Merkmals dar. Einflüsse werden nur durch die Maschine selbst verursacht. Weitere Prozesseinflüsse werden bei diesen Maßzahlen nicht berücksichtigt.

Maschinenfähigkeitsuntersuchung

Siehe Maschinenfähigkeit.

Masing

Der promovierte Physiker Walter Masing (1915–2004) gilt als Denker und bedeutende Persönlichkeit der Qualitätswissenschaft. Er hat sich vor allem in Deutschland als Wegbereiter der modernen, industriellen Qualitätswissenschaft einen Namen gemacht.

Master Black Belt

Coach und Experte in der Six Sigma-Organisation: Der Master Black Belt ist verantwortlich für den Aufbau der Six Sigma-Organisation und berät die Champions wie Six Sigma optimal zur Umsetzung der Firmenziele eingesetzt und genutzt werden kann. Er ist der wichtigste Experte für alle Methoden und Werkzeuge und vermittelt diese auf allen Ebenen eines Unternehmens.

Matrix-Daten-Analyse

Siehe Portfolio-Analyse.

Matrixdiagramm

Das Matrixdiagramm ist ein Managementwerkzeug (M7), um komplexe Zusammenhänge darzustellen. Mithilfe einer Matrix werden die Beziehungen und Wechselwirkungen eines Problems oder einer Fragestellung Schritt für Schritt durchleuchtet und übersichtlich dargestellt. Bis zu vier Dimensionen können miteinander verknüpft werden (L-, T- und X-Matrix).

M

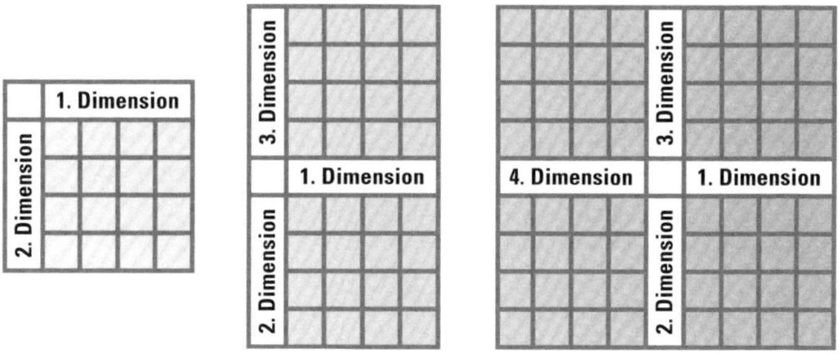

L-Matrix T-Matrix X-Matrix

Maximaler Durchschlupf

Maximum des Durchschlupfes bei einer Stichprobenanweisung. (DGQ-Band 11-04:2009)

MBNQA

Siehe Malcolm Balridge National Quality Award.

MbO

Siehe Management by Objectives.

MbP

Siehe Management by Policy.

MCC

Machine Capability Control. Siehe Maschinenfähigkeit.

MDT

Mean Down Time. Mittlere Störungsdauer.

Median

Merkmalsausprägung des Einzelelementes der Stichprobe, das in mittlerer Position der aufsteigend geordneten Beobachtungsreihe steht. 50 % aller Werte liegen oberhalb und 50 % aller Beobachtungswerte liegen unterhalb des Medians. Er teilt die Messwerte in zwei Hälften.

Merkmal

Eigenschaft, die eine Einheit kennzeichnet. Merkmale können inhärent („einer Einheit innewohnend") oder ihr zugeordnet sein. Sie können auch qualitativ und quantitativ unterschieden werden. Weiterhin können Merkmale wie folgt klassifiziert werden: physikalische Merkmale (z. B. mechanisch, elektrisch, chemische oder biologisch), sensorische Merkmale (z. B. Geruch, Berührung, Geschmack, Sehvermögen, Gehör), verhaltensbezogene Merkmale (z. B. Anständigkeit, Ehrlichkeit, Wahrheitsliebe), zeitbezogene Merkmale (z. B. Pünktlichkeit, Verlässlichkeit, Verfügbarkeit), ergonomische Merkmale (z. B. physiologisch oder auf Sicherheit für den Menschen bezogen), funktionale Merkmale (z. B. Spitzengeschwindigkeit eines Fahrzeugs). (In Anlehnung an DIN EN ISO 9000:2005)

Merkmalswert

Qualitativer oder quantitativer Wert eines Merkmals. (In Anlehnung an DIN 55350-12)

Messabweichung

Abweichung des (unberichtigten) Messergebnisses vom Bezugswert, wobei dieser je nach Festlegung oder Vereinbarung der wahre Wert, der richtige Wert oder der Erwartungswert sein kann. (DGQ-Band 11-04:2009)

Messeinrichtung

Alle Messgeräte und dazugehörende zusätzliche Einrichtungen (z. B. Thermostat), um ein Messergebnis zu erzielen. (In Anlehnung an DIN 1319-1)

Messergebnis

Schätzwert einer Messgröße, der als Näherungswert zum wahren Wert der Messgröße aus Messungen gewonnen wird. (In Anlehnung an DIN 1319-1)

Messgenauigkeit

Bereich, um den eine experimentell bestimmte Größe vom tatsächlichen Wert abweichen kann. Sie ist Maß für die Genauigkeit (auch Messunsicherheit oder Fehler) des Wertes.

Messmanagementsystem

Notwendiges System zur Erzielung der **metrologischen Bestätigung** (z. B. Kalibrierung) und zur permanenten Überwachung von Messprozessen. (In Anlehnung an DIN EN ISO 9000:2005)

Messgerät

Gerät zur Messung einer Messgröße. Es kann entweder allein oder in Verbindung mit anderen Einrichtungen genutzt werden. (In Anlehnung an DIN 1319-1)

Messgröße

Physikalische Größe, die gemessen wird. (In Anlehnung an DIN 1319-1)

Messmittel

Messgerät, Software, **Normal,** Referenzmaterial, apparative Hilfsmittel oder eine Kombination daraus, die zur Durchführung eines Messprozesses benötigt werden. (In Anlehnung an DIN EN ISO 9000:2005)

Messobjekt

Träger einer Messgröße. Dies können Körper, Vorgänge oder Zustände sein. (In Anlehnung an DIN 1319-1)

Messprozess

Tätigkeiten, um eine **Messgröße** zu ermitteln. (In Anlehnung an DIN EN ISO 9000:2005)

Messung

Ermittlung des Wertes einer Messgröße zu deren quantitativem Vergleich mit einer Maßeinheit – z. B. Meter, Liter, Volt. (In Anlehnung an DIN 1319-1)

Messunsicherheit

Aus Messungen gewonnener Schätzbetrag zur Kennzeichnung eines Wertebereichs, innerhalb dessen der Bezugswert der Messgröße mit einer vorgegebenen Wahrscheinlichkeit liegt, wobei der Bezugswert je nach Festlegung oder Vereinbarung der wahre Wert, der richtige Wert oder der Erwartungswert sein kann.
(DGQ-Band 11-04:2009)

Methode 635

Kreativitätstechnik und Problemlösungsverfahren, um neue und ungewöhnliche Ideen zu erzeugen. Sie wurde 1968 von Prof. Bernd Rohrbach entwickelt. Vorgehensweise: Jeder Teilnehmer erhält ein gleich großes Blatt Papier. Dieses wird in 18 Kästchen mit 3 Spalten und 6 Reihen aufgeteilt. Im nächsten Schritt wird jeder der 6 Teilnehmer aufgefordert, im ersten Kästchen jeder Spalte eine Idee zu verfassen. Jedes Blatt wird nach etwa 3 bis 5 Minuten (abhängig vom Schwierigkeitsgrad) von allen gleichzeitig im Uhrzeigersinn weitergereicht. Es ist nun Aufgabe des Nächsten in der Reihe, die bereits generierten Ideen aufzugreifen, zu ergänzen und weiterzuentwickeln. 635 steht für 6 Teilnehmer, die jeweils 3 Ideen entwickeln und diese 5 Mal weiterreichen. Der Vorteil dieser Methode liegt darin, dass innerhalb kurzer Zeit viele Ideen entstehen (max. 108 Ideen in 30 Minuten).

Metrologie

Wissenschaft vom Messen.

Metrologische Bestätigung

Erforderliche Tätigkeiten, damit ein Messmittel die Anforderungen an den beabsichtigten Gebrauch erfüllt. Im Allgemeinen zählen jede erforderliche Einstellung oder Reparatur mit nachfolgender Neukalibrierung, der Vergleich mit den metrologischen Anforderungen für die beabsichtigte Anwendung des Messmittels und alle notwendigen Plombierungen und Etikettierungen zur metrologischne Bestätigung, Kalibrierung oder Verifizierung. Eine metrologische Bestätigung liegt erst dann vor, wenn die Eignung des Messmittels für die beabsichtigte Anwendung nachgewiesen und dokumentiert ist. Die Anforderungen für den beabsichtigen Gebrauch umfassen Kriterien wie Messbereich, Auflösung und Grenzwerte. Anforderungen der metrologischen Bestätigung sind meist nicht mit Produktanforderungen identisch und dort auch nicht festgelegt. (In Anlehnung an DIN EN ISO 9000:2005)

Metrologisches Merkmal

Kennzeichnende Eigenschaft eines Messmittels, etwa dessen Messbereich oder Stabilität, die Ansprechschwelle oder der Messbereich. Das metrologische Merkmal kann die Messergebnisse beeinflussen. Ein Messmittel verfügt meist über mehrere metrologische Merkmale. Diese können auch der Kalibrierung unterliegen. (In Anlehnung an DIN EN 9000:2005)

MFU

Siehe Maschinenfähigkeitsuntersuchung.

MIL-Q 9858

Qualitätsanforderungen aus den USA im militärischen Bereich. Sie wurden 1963 entwickelt.

Mind-Mapping

Kreativ- und Arbeitstechnik. Eine Mind Map (Gedankenkarte) zeigt die Beziehungen zwischen verschiedenen Begriffen in Form einer grafischen Darstellung auf. Sie wurde Anfang der 70er-Jahre vom britischen Lernforscher Tony Buzan entwickelt. Sie spricht beide Gehirnhälften an und somit werden Inhalte leichter gelernt und gespeichert. Vorgehensweise: Das Zentralwort (Symbol oder Arbeitstitel) steht in der Mitte des Blattes, das immer im Querformat verwendet wird. Von diesem Zentrum werden nun Hauptzweige (Linien) zu Unterthemen entwickelt, wobei die zugehörigen Gedanken als Schlüsselwörter auf die Äste geschrieben werden. Die Bildung von „Unterästen" kann beliebig fortgesetzt werden und die verschiedenen „Äste" lassen sich miteinander verbinden. Daraus ergibt sich eine hierarchische Anordnung der Gedankenlogik, die nach außen immer spezieller wird. Die Nutzung von Farben oder Bildern unterstützt das gehirngerechte Arbeiten.

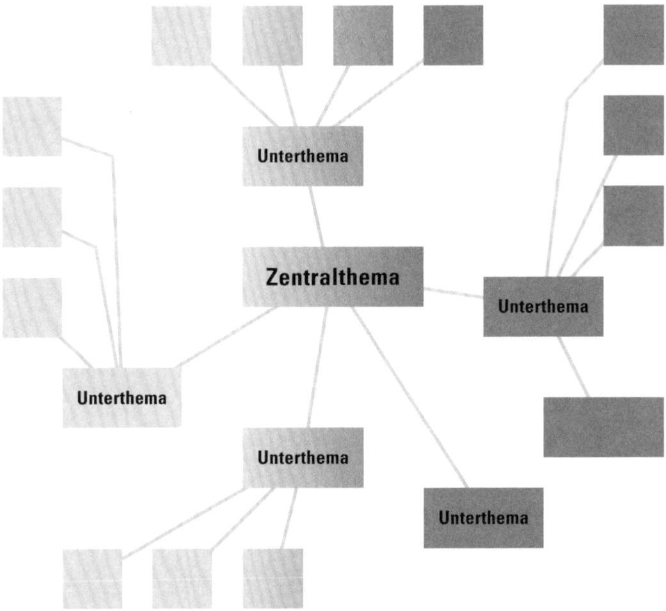

Mission

Zweck (Daseinsberechtigung) einer Organisation. Eine klare Mission ermöglicht ein fokussiertes Handeln im Unternehmen und bildet die Grundlage zur Formulierung individueller (Qualitäts-)Ziele.

MIT

Massachusetts Institute of Technology, Cambridge, U.S.A.

Mitarbeiterorientierung

Grundhaltung in einer Organisation, die darauf fokussiert, jeden einzelnen Mitarbeiter als bedeutendes Problemlösungs- und Kreativitätspotenzial zu betrachten und dementsprechend zu behandeln. Es ist die Aufgabe des Managements, ein Umfeld zu erzeugen, in dem Menschen ihre Fähigkeiten entfalten und damit zur Wertschöpfung im Unternehmen beitragen können. Mitarbeiter sollten in die Gestaltung der Prozesse einbezogen werden, damit sie ihre Potenziale freisetzen und ihre Fähigkeiten einbringen können. Ziel ist es, das Know-how der Mitarbeiter zur ständigen Verbesserung (KVP) sämtlicher Prozesse im Hinblick auf Qualität und Produktivität zu nutzen. (Siehe Grundsätze des Qualitätsmanagements).

Mittelwert

Siehe Arithmetischer Mittelwert.

MNPQ

Mess-, Normen-, Prüf- und Qualitätsmanagementwesen.

Modus

Diejenige Zahl, die in einer Menge von Zahlen am häufigsten vorkommt.

Monitoring

Erfassung von Zuständen, von einem Vorgang oder Prozess mit Beobachtungssystemen. Ein Monitoringsystem ermöglicht den (sofortigen) Eingriff in einen Prozess, wenn sich abzeichnet, dass dieser nicht den gewünschten Verlauf nimmt.

Montageprüfung

Die Montageprüfung kann als Zwischen- oder Endprüfung durchgeführt werden. Siehe Zwischenprüfung bzw. Endprüfung.

M

Morphologischer Kasten

Kreativitäts- und Arbeitstechnik nach dem Schweizer Astrophysiker Fritz Zwicky (1898 – 1974). Mithilfe des Morphologischen Kastens kann das Lösungsfeld eines Problems transparent abgebildet werden und Alternativen lassen sich leicht herausarbeiten. Vorgehensweise: Im ersten Schritt wird das Problem beschrieben. Danach werden Parameter oder Kriterien definiert, die das Problem allgemein beschreiben. Im dritten Schritt werden Lösungen für jedes einzelne Kriterium gesucht. Dann wird eine Tabelle erstellt, die in der ersten Spalte die Kriterien und in den weiteren Spalten die möglichen Lösungen enthält. Der fünfte Schritt beinhaltet die Bewertung der Lösungen auf Basis ausgewählter Merkmale. Die so entstandene Matrix (bzw. der Kasten) erlaubt eine Kombination der potenziellen Lösungen zu alternativen Konzepten. Der letzte Schritt besteht in der Wahl der optimalen Lösung, Weiterentwicklung der Lösung bis hin zur endgültigen Umsetzung in die Praxis.

MSA

Measurement System Analysis. Siehe Prüfmittelfähigkeitsuntersuchung.

MSR

Messen, Steuern, Regeln.

MTBF

Mean Time between Failures. Mittlere Betriebsdauer zwischen Ausfällen für Einheiten, die instandgesetzt werden.

MTBM

Meantime between Maintenance. Mittlere Lebensdauer zwischen Wartung.

MTTF

Mean Time to Failure. Mittlere Dauer bis zum Ausfall, wird auch als mittlere Lebensdauer bezeichnet.

MTTFF

Mean Time to first Failure. Mittlere Zeit bis zum ersten Ausfall.

MTTM

Mean Time to Maintenance. Mittlerer Abstand zwischen zwei Instandhaltungsmaßnahmen.

MTTR

Mean Time to Repair. Instandsetzungszeit bzw. mittlere Reparaturzeit.

Muda

Verschwendung. Begriff japanischen Ursprungs als Grundlage der Verlustphilosophie. Verschwendung wird als natürlichste (wichtige) Ursache für das Entstehen von Verlusten angesehen. Als Muda werden folgende sieben Arten der Verschwendung bezeichnet: Überproduktion, Wartezeit, überflüssiger Transport, ungünstiger Herstellungsprozess, überhöhte Lagerhaltung, unnötige Bewegungen und Herstellung fehlerhafter Teile.

Multiple Sourcing

Verteilung des gleichen zu beschaffenden Produkts bzw. der gleichen Dienstleistung auf mehrere Lieferanten. Dieses Beschaffungsprinzip ist dann sinnvoll, wenn eine hohe Versorgungssicherheit gewährleistet sein muss.

Multi-Variations-Analyse

= Multi-Vari-Analyse oder -Methode

Grafisches Werkzeug zur Überprüfung des Einflusses von zu untersuchenden Eingangsvariablen auf Ausgangsvariablen. Dabei wird im traditionellen Ansatz zwischen Lagevariation, Kurzzeitvariation und Langzeitvariation unterschieden. In der Six Sigma-Methodik wird dieses Werkzeug in der Analyse-Phase eingesetzt.

Mura

Abweichung (Unausgeglichenheit). Begriff japanischen Ursprungs als Grundlage der Verlustphilosophie. Mura bezeichnet Verluste, die aus der unvollständigen Harmonisierung der Kapazitäten im Rahmen des Produktionsprozesses resultieren. Typische Zeichen von Mura sind Warteschlangen an den Maschinen oder Leerzeiten.

Muri

Überlastung. Begriff japanischen Ursprungs als Grundlage der Verlustphilosophie. Hiermit sind Verluste gemeint, die durch Überlastung oder Überbeanspruchungen im Rahmen des Arbeitsprozesses auftauchen.

Muster

Materielle Einheit, an der aus einem speziellen Grund eine Qualitätsprüfung durchgeführt wird oder die im Rahmen einer Qualitätsprüfung erforderlich ist. (In Anlehnung an DIN 55350-15)

Musterprüfung

Muster, das einer Qualitätsprüfung unterzogen wird. (In Anlehnung an DIN 55350-17)

MUT

Mean up Time. Mittlere Klardauer.

NACCB

National Accreditation Council for Certification Bodies. Ehemalige Nationale britische Akkreditierungsstelle. Siehe UKAS

Nacharbeit

Maßnahme an einem fehlerhaften Produkt, so dass es noch den Anforderungen gerecht wird. Nacharbeit beeinflusst oder verändert – im Unterschied zur Reparatur – Teile des fehlerhaften Produkts nicht. (In Anlehnung an DIN EN ISO 9000:2005)

Nachaudit

Folgeaudit (engl. follow-up audit), das dann durchgeführt wird, wenn im Audit eine oder mehrere (kritische) Abweichungen (Nichtkonformität) aufgetreten sind, die zur Korrektur einen längeren Zeitraum in Anspruch nehmen. Die wirksame Realisierung der Korrekturmaßnahmen und damit Beseitigung der Abweichung(en) kann beispielsweise im Nachaudit nachgewiesen werden. Danach kann ein Zertifikat erteilt werden.

Nachweis

Objektiver Nachweis: Daten, welche die Existenz oder Wahrheit von etwas bestätigen. (DGQ-Band 11-04:2009)

Nachweisdokument

Dokument, das erreichte Ergebnisse darstellt oder ausgeführte Tätigkeiten nachweist. Ein Nachweisdokument wird auch als Aufzeichnung bezeichnet. (In Anlehnung an DIN EN ISO 9000:2005)

NAGUS

Normenausschuss Grundlagen des Umweltschutzes im DIN.

Nationales Normal

Anerkanntes Normal zu einer bestimmten physikalischen Größe. Es bildet die Basis zur Festlegung des Merkmalswertes aller anderen Normale der betreffenden Größe. Die Anerkennung erfolgt in einem Land durch einen offiziellen nationalen Beschluss. (In Anlehnung an DIN 1319-1)

NDT

Non-destructive testing. Zerstörungsfreie Prüfung.

Nebenabweichung

Siehe Feststellung.

Nebenfehler

Fehler, der vermutlich die Brauchbarkeit für den beabsichtigten Verwendungszweck nur unwesentlich mindert. Oder ein Abweichen von den geltenden Festlegungen, das sich auf den Gebrauch oder den Betrieb einer Einheit nur unwesentlich auswirkt. (In Anlehnung an DIN 55350-31)

Nennwert

Merkmalswert eines quantitativen Merkmals, um den Anwendungsbereich zu gliedern. (In Anlehnung an DIN 55350-12)

Netzplan

Der Netzplan ist ein Managementwerkzeug (M 7), um Maßnahmen in einer übersichtlichen Darstellung zeitlich miteinander zu verknüpfen. Die gegenseitigen Abhängigkeiten von Ereignissen können strukturiert dargestellt werden, so dass die (Zeit-)Planung und Überwachung eines Projekts erleichtert werden.

Neueinstufung

Einordnung eines fehlerhaften Produkts in eine andere **Anspruchsklasse** mit dem Ziel, die Anforderung zu erfüllen, die wegen einer Abweichung von der geforderten Spezifikation in der ursprünglichen Anspruchsklasse nicht erfüllt werden könnten. (In Anlehnung an DIN EN ISO 9000:2005)

New Seven

Auch: New Seven Tools for Quality Control. Siehe Managementwerkzeuge.

Nichtkonformität

Nichterfüllung einer Anforderung.

NIST

National Institute of Standards and Technology, Gaithersburg (USA).

Non-direktives Gesprächsverhalten

Auch „Aktives Zuhören". Der Auditor steuert das Gespräch nicht nach eigenen Vorstellungen, sondern nach dem, was er den Äußerungen des Mitarbeiters bzw. Auditierten entnehmen kann. Er versucht, den Sachverhalt mit den Augen des Mitarbeiters zu sehen, um die Handlungsweise des Mitarbeiters nachvollziehen zu können. In dieser Gesprächsform kann sich der Mitarbeiter am meisten einbringen.

N

Normal

Maßverkörperung, Referenzmaterial, Messgerät oder Messeinrichtung. Es dient dazu, eine Maßeinheit abzubilden, unverändert zu behalten oder wiederzugeben, damit diese durch Vergleich an andere Messgeräte weitergegeben werden kann. (In Anlehnung an DIN 1319-1)

Normalverteilung

Das Verteilungsverhalten eines beherrschten Prozesses folgt meist einem typischen Muster. Das am häufigsten auftretende Streuungsmuster ist die (Gaußsche) Normalverteilung. Sie stellt sich ein, wenn bei beidseitig streuenden Merkmalen ausschließlich Zufallsursachen zu Schwankungen um den Sollwert herum führen.

Normungsorganisation

Die Aufgabe einer nationalen Normungsorganisation besteht darin, die Notwendigkeit sowie Anforderungen und Inhalte einer geplanten Norm zu ermitteln. Diese werden dann als nationale Norm festgeschrieben und veröffentlicht. Die Normungsarbeit ist in Normenausschüssen und Arbeitsgruppen innerhalb des DIN organisiert. Vertreter aus Wirtschaft, Wissenschaft, Staat und interessierten Parteien wirken an der Erarbeitung von Normen mit. In Deutschland ist die überbetriebliche Normung Aufgabe der Selbstverwaltung der Wirtschaft. Das DIN ist Mitglied im CEN, dessen Hauptaufgabe es ist, europäische Normen auszuarbeiten. Die Verantwortung für die internationale Normung liegt bei der ISO, die die nationalen Normungsinstitute weltweit vereint.

Notifizierung

Benennung einer akkreditierten Stelle zur Durchführung von Konformitätsbewertungsverfahren auf der Grundlage einer EU-Richtlinie.

NQSZ

Normenausschuss Qualitätsmanagement, Statistik und Zertifizierungsgrundlagen im DIN.

Null-Fehler-Konzept

Siehe Null-Fehler-Programm.

Null-Fehler-Prinzip

Siehe Null-Fehler-Programm.

Null-Fehler-Programm

Das Null-Fehler-Programm (Zero Defects Concept) zielt darauf ab, eine fehlerfreie Produktion ohne Ausschuss und Nacharbeit zu gewährleisten. Es wurde von Philip B. Crosby entwickelt. Sein Grundgedanke war, dass selbst eine geringe Fehlerquote nicht akzeptabel sei und es keine Nachbesserung geben sollte. Vielmehr müsste die fehlerfreie (Null-Fehler)-Produktion als Ziel gesetzt werden.

Nullhypothese

Aussage, durch die eine Teilmenge ausgewählt wird. Diese Teilmenge bestimmt sich aus der für den statistischen Test insgesamt zugelassenen Wahrscheinlichkeitsverteilung. (In Anlehnung an DIN 55350-24)

Nutzleistung

Tätigkeit (Leistung), die aus Kundensicht zu einer Wertsteigerung führt. Sie erhöht den Wert eines Produkts für den Kunden.

Obere Grenzabweichung
Höchstwert abzüglich Bezugswert. (In Anlehnung an DIN 55350-12)

Oberste Leitung
Person oder Personengruppe, von der eine Organisation auf oberster Ebene geleitet oder gelenkt wird. (In Anlehnung an DIN EN ISO 9000:2005)

Objektiver Nachweis
Daten, die die Existenz oder Wahrheit von etwas belegen. Mittel, um objektive Nachweise zu erbringen, sind beispielsweise Beobachtung, Messung oder Test. (In Anlehnung an DIN EN ISO 9000:2005)

OC
Siehe Operationscharakteristik.

OFI
Opportunity for Improvement. Auditfeststellung, die von verschiedenen Zertifizierungsorganisationen verwendet wird. Siehe Hinweis.

OHRIS
Occupational Health and Risk Management System. Managementsystem zum Schutz der Gesundheit und zur Sicherheit der Beschäftigten und Anwohner im Bereich von Industrieanlagen. Unfallzahlen und arbeitsbedingte Krankheiten sollen durch Anwendung des Standards möglichst gering gehalten werden. OHRIS wurde vom bayerischen Arbeitsministerium entwickelt und 1998 erstmalig veröffentlicht.

OHSAS
Occupational Health and Safety Assessment Series.

OHSAS 18001
Arbeitsschutzmanagementsysteme – Spezifikation. Zertifizierbarer internationaler Standard für ein Arbeitsschutzmanagementsystem. OHSAS wurde von der British Standards Institution in Zusammenarbeit mit internationalen Zertifizierungsgesellschaften entwickelt.

OHSAS 18002
Leitlinien zur Umsetzung von OHSAS 18001. Anleitung zur Umsetzung eines AMS.

ON
Österreichisches Normungsinstitut mit Sitz in Wien.

Operationscharakteristik

Annahmewahrscheinlichkeit eines Prüfloses als Funktion seiner Qualitätslage im Rahmen einer Annahmestichprobenprüfung. (In Anlehnung an DIN 55350-31)

Organisation

Struktur aus Personen und Einrichtungen, die als geordnetes Gefüge durch Prozesse, Verantwortungen, Befugnisse und Beziehungen charakterisiert ist. Als Beispiele nennt die ISO/TS 16949 Gesellschaft, Körperschaft, Firma, Unternehmen, Institution, gemeinnützige Organisation, Einzelunternehmer, Verband oder Teile oder Mischformen solcher Einrichtungen. Eine Organisation kann sowohl öffentlich-rechtlicher als auch privatrechtlicher Natur sein. Die Norm weist darauf hin, dass diese Definition im Rahmen von Normen zu Qualitätsmanagementsystemen gilt und der Begriff „Organisation" im ISO/IEC-Leitfaden 2 anders festgelegt ist. (In Anlehnung an ISO/TS 16949:2009)

Organisation mit Entwicklungsverantwortung

Organisation, die neue Produktspezifikationen erstellen oder bestehende Produktspezifikationen ändern darf. Diese Verantwortung umfasst auch das Testen und Verifizieren der Entwicklungsleistung im Rahmen der Anwendung, die vom Kunden vorgegeben wurde (In Anlehnung an ISO/TS 16949:2009).

Organisationsstruktur

Geordnetes Gefüge von Verantwortungen, Befugnissen und Beziehungen zwischen Personen. Die Organisationsstruktur wird meist in einem QM-Handbuch (QMH) oder einem QM-Plan (für ein Projekt) formal dargestellt. Wichtige Schnittstellen zu externen Organisationen können im Anwendungsbereich einer Organisationsstruktur enthalten sein. (In Anlehnung an DIN EN ISO 9000:2005)

Organisationsverschulden

Verantwortlichkeit eines Unternehmers oder Planers für mangelhafte Organisation seiner innerbetrieblichen Abläufe. Eine Zertifizierung nach DIN EN ISO 9001 erleichtert es, sich vom Vorwurf des Organisationsverschuldens zu exkulpieren.

OTBF

Operating Time Between Failures. Betriebszeit zwischen Ausfällen.

OTTFF

Operating Time To First Failure. Klardauer (Betriebszeit bis zum ersten Fehler).

ÖQA

Österreichische Arbeitsgemeinschaft zur Förderung der Qualität (ARGE QUALITÄTSARBEIT), Wien, Österreich.

ÖVQ

Österreichische Vereinigung für Qualitätssicherung. Früherer Name der ÖQA

Pa

Siehe Annahmewahrscheinlichkeit

Paired t-test

Statistische Analyse in den Hypothesentests (ähnlich wie der 2-sample t-test, vergleiche dort).

Hierbei werden die Differenzen zweier Grundgesamtheiten bezüglich ihrer Mittelwerte verglichen. Dies setzt voraus, dass jedem Stichprobenwert ein Stichprobenwert aus der anderen Grundgesamtheit zugeordnet werden kann – also ein jeweiliges Stichprobenpaar existiert.

Beispiel: Für Stichprobenwert 1 aus der Grundgesamtheit 1 gibt es einen Stichprobenwert 2 aus der Grundgesamtheit 2.

Parameter

Größe, um die Wahrscheinlichkeitsverteilung zu kennzeichnen. (In Anlehnung an DIN 55350-21)

Pareto

Der italienische Nationalökonom und Soziologe Vilfredo Pareto (1848–1923) fand heraus, dass die meisten Auswirkungen wenige Ursachen haben. Das Pareto-Prinzip besagt, dass 80 % der Wirkungen aus 20 % der möglichen Einflussgrößen resultieren.

Pareto-Analyse

Basiert auf der 80–20-Regel (Pareto-Regel, nach dem Volkswirtschaftler, Soziologen und Statistiker Vilfredo Pareto), die in vielen verschiedenen Hinsichten gelesen werden kann: 20 % der Fehler verursachen 80 % der Fehlerkosten; 20 % der Kunden bringen 80 % des Umsatzes; bei der Lösung eines Problems werden in 20 % der verbrauchten Zeit 80 % der Lösung erarbeitet; 20 % der Ursachen sind für 80 % der Wirkungen verantwortlich. Die Pareto-Analyse ist eine Untersuchungsmethode, die alle eine betrachtete Situation beeinflussenden Faktoren in eine Ordnung ihres relativen Einflusses bringt. Ziel ist es, eine detaillierte Untersuchung auf die Hauptfaktoren konzentrieren zu können. Strukturell ist die Pareto-Analyse der ABC-Analyse verwandt, die ebenfalls Klassifizierungen nach Wichtigkeit vornimmt.

Pareto-Diagramm

Das Pareto-Diagramm ist ein Qualitätswerkzeug (Q 7) und dient der Fehleranalyse. Die Aufbereitung der gesammelten Daten ermöglicht eine Aussage über die Wichtigkeit einzelner Problemgruppen. Dazu wird ein Balkendiagramm erstellt. Diese Balken werden nach der Häufigkeit des Auftretens eines Problems sortiert. Die Gruppe mit der größten Häufigkeit kommt dabei an die erste Stelle. Anschließend werden die anderen Gruppen der Erhebung der Reihenfolge nach abfallend einsortiert. Das Pareto-Diagramm basiert auf der 80–20-Regel, das heißt, dass rund 20 % der Fehlerarten für etwa 80 % aller Fehler verantwortlich sind.

Paretodiagramm

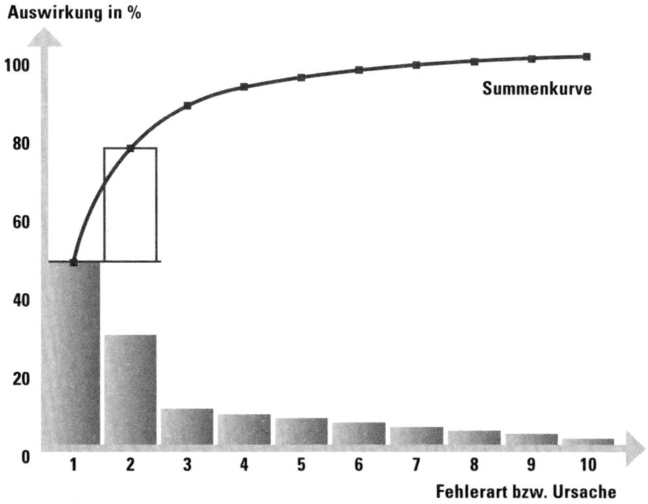

PCM

Parts Count Method: Methode zur Ermittlung von Zuverlässigkeitskenngrößen.

PD

Policy Deployment. Siehe Management by Policy.

PDCA

Siehe PDCA-Zyklus.

PDCA-Zyklus

Regelkreis nach Deming, der aus den Schritten Plan – Do – Check – Act besteht.

Planen (Plan): Definition eines Zieles und Planen der zur Zielerreichung notwendigen Maßnahmen. Durchführen (Do): Konsequentes Umsetzen der geplanten Maßnahmen. Überprüfen (Check): Feststellen, inwieweit das erreichte Ergebnis mit den Vorgaben des Zieles übereinstimmt. Handeln (Act): Konsequentes Durchführen von Korrekturmaßnahmen, die zur Zielerreichung und ständigen Verbesserung notwendig sind.

Voraussetzung für den Einsatz von Regelkreisen ist die Messbarkeit kritischer Produkt- oder Prozesseigenschaften.

Performance-Audit

Untersuchung der Leistungsfähigkeit (anhand von Kenngrößen), der Wirksamkeit und Leistungssteigerung des Managementsystems sowie einzelner Aspekte daraus. Siehe Audit.

Pflichtenheft

Zusammenstellung (Katalog) der gesamten Forderungen an ein Produkt, an einen Prozess oder ein Programm.

P-FMEA

Siehe Prozess-FMEA.

PFU

Siehe Prozessfähigkeitsuntersuchung.

PIMS-Studie

Profit Impact of Marketing Strategy. Instrument zur Strategieanalyse. Die Rentabilität einer Branche lässt sich mit den folgenden drei Kategorien messen: Wettbewerbssituation, Produktionsstruktur und Absatz-/Marktlage. Die PIMS-Datenbank basiert auf einer Untersuchung des General Electric-Konzerns Ende der 60er-Jahre.

PMÜ

Siehe Prüfmittelüberwachung.

PMV

Prüfmittelverwaltung.

Poka Yoke

Vermeidung unbeabsichtigter Fehler. Begriff japanischen Ursprungs, der ein Prinzip zur Fehlerverhütung und Fehleraufdeckung mittels technischer Vorkehrungen bezeichnet. Poka Yoke konzentriert sich auf die unbeabsichtigten Fehler, die Mitarbeitern im Rahmen der Produktion passieren können. Aus einer Fehlhandlung sollen möglichst keine Fehler am Produkt entstehen. Beispiel: Wasseranschlüsse haben ein Rechtsgewinde und Gasanschlüsse ein Linksgewinde. Dadurch wird ein Vertauschen ausgeschlossen.

Policy Deployment

Siehe Management by Policy.

Portfolio-Analyse

Die Portfolio-Analyse ist ein Managementwerkzeug (M 7), um die im Matrixdiagramm erfassten Daten weiter auszuwerten. Die gewonnene Datenmenge wird auf wenige zweidimensionale Zahlen reduziert und in ein Achsenkreuz eingetragen. Diese Darstellung erlaubt einen qualitativen Vergleich zweier charakteristischer Merkmale. Das Ergebnis ist eine transparente Darstellung großer Datenmengen.

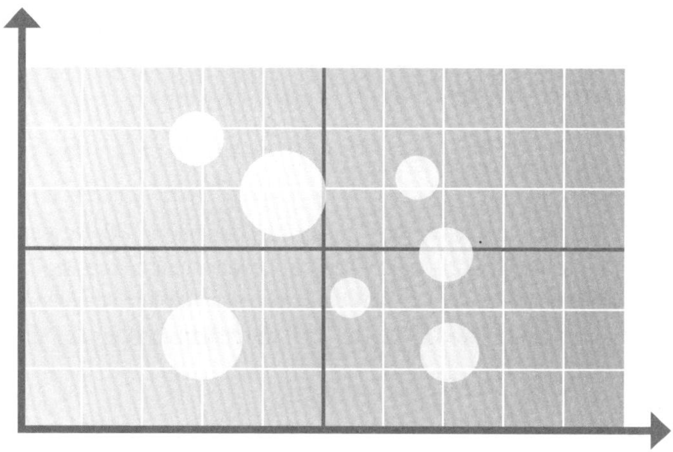

P_p

Wie C_p (aber als Langzeit-Kennzahl)

PPAP

Production Part Approval Process. Produkt-Freigabeverfahren eines Bauteils in der Automobil(zuliefer)-Industrie.

ppb

Parts per billion (Teile pro Milliarde) steht für die Zahl 10^{-9}.

P_{pk}

Wie C_{pk} (aber als Langzeit-Kennzahl)

ppm

Parts per million (Teile pro Million) steht für die Zahl 10^{-6}.

PPS

Produktionsplanungs- und Steuerungssystem. Computerprogramm zur Unterstützung des Anwenders bei der Produktionsplanung und -steuerung sowie der Datenverwaltung.

Problem-Entscheidungsplan

Der Problem-Entscheidungsplan ist ein Managementwerkzeug (M7). Er dient dazu, Maßnahmen für unerwartete Probleme bei der Umsetzung von Teilschritten zu planen. Potenzielle Störungen werden im Vorfeld erfasst und passende Maßnahmen definiert. Der Problem-Entscheidungsplan wird entlang der Struktur des Baumdiagramms entwickelt. Dies bedingt eine Analyse der Teilschritte in ihrer logischen und zeitlichen Abfolge.

Process Map

siehe Prozess-Landkarte

ProdHaftG

Produkthaftungsgesetz. Gesetz vom 15. Dezember 1989. Es regelt in Deutschland die Haftung eines Herstellers bei fehlerhaften Produkten und zielt darauf ab, den Verbraucherschutz durch Einführung einer verschuldensunabhängigen Haftung zu verbessern.

Produkt

Prozessergebnis. Ein Produkt kann in vier übergeordnete Kategorien unterteilt werden:
– Dienstleistungen (z. B. Transport)
– oftware (z. B. Rechnerprogramm, Wörterbuch)
– Hardware (z. B. mechanisches Motorteil)
– verfahrenstechnische Produkte (z. B. Schmiermittel).

Viele Produkte bestehen aus Elementen verschiedener übergeordneter Produktkategorien. Das vorherrschende Element ist entscheidend für die Bezeichnung des Produkts als Dienstleistung, Software, Hardware oder verfahrenstechnisches Produkt. So besteht beispielsweise ein Auto (im Sinne eines Angebotsprodukts) aus Hardware (z. B. den Reifen), verfahrenstechnischen Produkten (z. B. Kraftstoff, Kühlflüssigkeit), Software (z. B. Motorsteuerungssoftware, Betriebsanleitung) und Dienstleistung (z. B. den vom Händler gegebenen Erläuterungen zum Betrieb).

Eine Dienstleistung stellt das Ergebnis mindestens einer Tätigkeit dar, die zwingend an der Schnittstelle zwischen dem Lieferanten und dem Kunden ausgeführt wird. Folgende Tätigkeiten können zur Erbringung einer Dienstleistung gehören:
– eine Tätigkeit, die an einem materiellen Produkt ausgeführt wird, das der Kunde mitliefert (z. B. ein reparaturbedürftiges Auto);
– eine Tätigkeit, die an einem immateriellen Produkt ausgeführt wird, das der Kunde liefert (z. B. Einkommensnachweis für die Steuererklärung)
– die Lieferung eines immateriellen Produkts (z. B. die Vermittlung von Kenntnissen);
– die Schaffung eines Ambientes für den Kunden (z. B. in Hotels und Restaurants).

Software ist immateriell, besteht aus Informationen und kann sich in Form von Herangehensweisen, Transaktionen oder Verfahren zeigen. Hardware ist normalerweise materiell und ihre Menge ein zählbares Merkmal. Verfahrenstechnische Produkte sind gewöhnlich auch materiell, allerdings stellt ihre Menge ein kontinuierliches Merkmal dar. Hardware und verfahrenstechnische Produkte werden häufig als Waren benannt. (In Anlehnung an DIN EN ISO 9000:2005)

P

Produktaudit

Produktorientiertes, qualitätsbezogenes Audit an einem Teil, einer Baugruppe oder einer Dienstleistung. Das Produkt oder die Dienstleistung wird auf Übereinstimmung mit den Kundenanforderungen, Spezifikationen, Zeichnungen, Normen und gesetzlichen Vorschriften geprüft. Mehr als die bloße Endprüfung untersucht das Produktaudit auch die Methoden der Endprüfung, die Eignung der Prüforte, die Richtigkeit der Stichprobengröße sowie die Anwendbarkeit der Bewertungskriterien.

Produkthaftung

Haftung des Herstellers für Folgeschäden aus der Nutzung seines Angebotsproduktes. (DGQ-Band 11-04:2009)

Produktion

Prozess zur Herstellung von **Produkten,** das sind Produktionsmaterialien, Produktions- oder Ersatzteile, Zusammenbauten sowie Wärmebehandlung, Schweißarbeiten, Lackierung, Beschichtung oder andere Formen der Oberflächenbehandlung. (In Anlehnung an ISO/TS 16949:2009)

Produktionslenkungsplan

Dokumentierte Beschreibung der Systeme und Prozesse, die zur Produktlenkung notwendig sind. Synonym wird auch der Begriff „Control Plan" verwendet. (In Anlehnung an ISO/TS 16949:2009)

Produktkategorie

Siehe Produkt.

Produktspezifikation

Spezifikation, welche die Forderungen an ein materielles oder immaterielles oder ein kombiniertes Produkt enthält.

Anmerkung: Die Forderungen können Qualität, Umweltschutz oder Arbeitsschutz betreffen. (DGQ-Band 11-04:2009)

Produktverhaltensprüfung

Qualitätsprüfung, um Kenntnisse über das Produktverhalten des Angebotsprodukts nach Übergabe an den Kunden oder Auftraggeber zu erhalten. (In Anlehnung an DIN 55350-17)

Progressive Abstraktion

Kreativitäts- und Arbeitstechnik. Diese Technik beruht auf dem Gedanken, dass häufig nur Detailprobleme erkannt werden und der übergeordnete Zusammenhang fehlt. Sie hilft, den Wesenskern einer Aufgabe herauszuarbeiten. Durch systematisches Hinterfragen wird die vorläufige Problemdefinition geprüft, um eine neue Problemauffassung zu finden, die dann zu weitreichenderen Lösungen führen kann. Vorgehensweise: Zunächst schildert der Moderator der Arbeitsgruppe das Problem. Im zweiten Schritt wird die Frage gestellt „worauf kommt es eigentlich an?", um das Problem neu zu formulieren und den übergeordneten Zusammenhang zu finden. Im dritten Schritt wird auf Basis des neu formulierten Problems nach neuen Lösungen gesucht. Diese Schritte werden so lange fortgeführt, bis die maximale Abstraktionsstufe erreicht wird.

Projekt

Einmaliger Prozess, der aus mehreren Tätigkeiten besteht, die aufeinander abgestimmt und gelenkt sind und einen Anfangs- und Endtermin haben. Unter Berücksichtigung von Zeit, Kosten und Ressourcen soll ein Ziel erreicht werden, das spezifische Anforderungen erfüllt. Ein Einzelprojekt kann auch zu einer größeren Projektstruktur gehören. Bei manchen Projekten werden im Rahmen des Projektverlaufs die Ziele verfeinert und die Produktmerkmale entsprechend dem Projektfortschritt festgelegt. Eine oder mehrere Einheiten von Produkten bilden das Ergebnis eines Projektes. (In Anlehnung an DIN EN ISO 9000:2005)

Projektablaufplan

Projektplan, der die logische Reihenfolge zur Bearbeitung der Arbeitspakete eines Projekts darstellt. Dieser beinhaltet auch eine Abschätzung der erforderlichen Ressourcen für die Bearbeitung der einzelnen Arbeitspakete.

Projektmanagement

Konzept für die Leitung bzw. das Management (Planung, Überwachung, Steuerung) eines komplexen Vorhabens. Projekte sind durch folgende Merkmale gekennzeichnet: Komplexe Aufgabenstellung mit Risiko und einer gewissen Einmaligkeit, eindeutige Aufgabenstellung, Verantwortung und Zielsetzung für ein Gesamtergebnis, zeitliche Befristung (Anfangs- und Endtermin), verschiedenartige, untereinander verbundene Teilaufgaben, begrenzter Ressourceneinsatz (projektbezogenes Budget), besondere, auf das Vorhaben abgestimmte Organisation. Jedes Projekt besteht aus einem Projektleiter und dem Projektteam.

Projektplanung

Systematische, zielorientierte Planung auf Basis des Projektauftrags. Folgende Planungsarten laufen typischerweise in der Projektplanung ab: Projektstrukturplan, Projektablaufplan, Terminplan, Kapazitätenplan, Kostenplan, Projektgesamtkosten, Qualitätsplan, Projektrealisierung.

Projektstrukturplan

Der Projektstrukturplan ist die hierarchische Aufgliederung der Projektaufgaben in Teilaufgaben bis zu den personen- oder abteilungsrelevanten Teilaufgaben. Er setzt sich zusammen aus der Beschreibung der Hauptaufgaben, Teilaufgaben und Arbeitspaketen. Der Projektstrukturplan kann funktionsorientiert (Tätigkeiten), objektbezogen oder gemischt (Objekt und Funktion) erstellt werden.

Prototyp

Siehe Entwicklungsmuster.

Prozess

Tätigkeiten, die miteinander in Wechselbeziehung oder Wechselwirkung stehen und Eingaben in Ergebnisse umwandeln. Die Eingaben für einen Prozess sind meist die Ergebnisse anderer Prozesse. Prozesse in einer Organisation werden normalerweise geplant und unter beherrschen Bedingungen durchgeführt mit dem Ziel, einen Mehrwehrt zu schaffen. Ein **spezieller Prozess** ist u.a. dadurch gekennzeichnet, dass die Konformität des erzeugten Produkts nicht ohne weiteres bzw. nicht unter wirtschaftlichen Gesichtspunkten verifiziert werden kann. (In Anlehnung an DIN EN ISO 9000:2005)

P

Prozessaudit

Instrument zur Untersuchung von Prozessen. Ziel ist es, einen gesamten Prozess bzw. die sukzessiv (zeitlich und/oder kausal) ablaufenden Arbeitsfolgen mit den jeweiligen Verfahren auf mögliche Schwachstellen zu untersuchen. Siehe Audit.

Prozesseigner

Siehe Prozessverantwortlicher.

Prozessfähigkeit

Eignung eines Prozesses, vorgegebene Qualitätsanforderungen zu erfüllen. (In Anlehnung an DIN 55350-33)

Prozessfähigkeitsuntersuchung

Siehe Prozessfähigkeit.

Prozess-FMEA

Siehe Fehler-Möglichkeits-und Einfluss-Analyse.

Prozesskosten

Kosten, die ein Prozess oder ein Prozessschritt verursacht. Die Prozesskosten beinhalten sowohl die direkt zurechenbaren Kosten als auch Gemeinkosten.

Prozesskostenrechnung

Verursachergerechte Verteilung der Gemeinkosten auf die Leistungen (Bezugsgröße ist die Leistung bzw. der Prozess). Instrument zur Analyse und Steuerung der Gemeinkosten. Das Ergebnis ermöglicht die Darstellung der leistungswirtschaftlichen Beziehung zwischen Ressourcen und Produkten.

Prozesslandkarte

Dokumente, in denen die Beziehungen, Hierarchien und Prozessabläufe eines Unternehmens oder einer Organisation dargestellt sind. In der Regel werden Strukturen und Prozesse beschrieben und zusätzlich grafisch dargestellt (Diagramme, Netzwerkkarten).

Prozessleistungstransparenz

Messung, Bewertung und Visualisierung der Prozessperformance auf Basis von Leistungskennzahlen. Ziel ist es, auf Basis der Kennzahlen den ständigen Verbesserungsprozess voranzutreiben.

Prozessmanagement

In einem engeren Sinn ist damit die bereichsübergreifende Planung, Organisation und Steuerung der einzelnen Leitungs- und Arbeitstätigkeiten im Unternehmen oder in der Organisation bezeichnet. Prozessmanagement ist verantwortlich für Reibungslosigkeit von Prozessabläufen, wo – wie besonders in größeren Unternehmen – eine abteilungsbezogene Arbeitsteilung leicht zu fehlender Kenntnis der Gesamtzusammenhänge führen kann. Im weiteren Sinn meint Prozessmanagement die methodisch strukturierte Analyse von aktuellen und zukünftigen Bedürfnissen des Unternehmens sowie die Entwicklung und Umsetzung von Strategien zur Erreichung eines Soll-Zustandes.

Prozessmodell

Transparente Darstellung der Wertschöpfungskette sowie der Prozesse und Aktivitäten. Folgende Kriterien sollte ein Prozessmodell erfüllen: Anwendbarkeit im Unternehmen, übersichtliche Systemdarstellung, Grundlage für die Integration von mehreren Systemen (z. B. Qualitätsmanagement, Umweltmanagement), Darstellung der Verbindungen zu Kunden und anderen Interessenspartnern, Grundlage für die Kontinuierliche Verbesserung. Das gewählte Prozessmodell muss vor allem den Abläufen des eigenen Unternehmens entsprechen.

Prozessorientierter Ansatz

Als prozessorientierten Ansatz bezeichnet die DIN EN ISO 9001:2008 die Anwendung eines Systems von Prozessen, um das gewünschte Ergebnis zu erzeugen – gepaart mit dem Erkennen und den Wechselwirkungen dieser Prozesse sowie deren Management. Die Anforderungen der DIN EN ISO 9001 konzentrieren sich auf die Qualität von Prozessen und die Erhöhung der Kundenzufriedenheit. Die Norm ist prozessorientiert aufgebaut. Die Prozesse werden häufig in Kern-, Management- und Unterstützungsprozesse eingeteilt. (Vgl. auch DIN EN ISO 9001:2008)

Prozessowner

Siehe Prozessverantwortlicher.

Prozessschritt

Aktivität oder Handlung als Teil eines Prozesses.

Prozessstrukturtransparenz

Übersichtliche Darstellung von Prozessen und deren Struktur. Die Prozessstruktur beinhaltet die hierarchische Darstellung der Prozesse, deren Abfolge und Beziehungen zueinander. Zur Strukturdarstellung werden häufig Prozesslandkarten eingesetzt. Siehe Prozesslandkarte.

Prozessteam

Die Prozessverantwortlichen setzen Prozessteams ein, die folgende Aufgaben erfüllen: Ständige Verbesserung des Prozesses, Sicherstellen, dass die Kundenanforderung erfüllt wird, Lösung aktueller Probleme, Festlegung von Prozesskennzahlen, Erarbeitung des Prozessablaufs sowie Festlegung der Arbeitsschritte. Ziel ist es, mithilfe der Prozessteams die Mitarbeiter einzubeziehen und durch die Mitbestimmung die Motivation zu steigern.

Prozessverantwortlicher

Prozessmanager, der für einen Prozess des Managementsystems verantwortlich ist. Dies umfasst neben der Koordination des Prozesses die Verantwortung für die Prozessergebnisse und die ständige Verbesserung des Prozesses.

Prozessvisualisierung

Grafische Darstellung eines Prozesses.

Prüfablaufplan

Prüfplan mit Festlegungen zur Abfolge von Prüfungen.

Anmerkung 1: Ein Prüfablaufplan kann zusätzlich auch Festlegungen zur Prüftechnik und zu Prüftätigkeiten sowie zu Prüfprozessen enthalten. (DGQ-Band 11-04:2009)

Prüfanweisung

Prüfplan mit Festlegungen zu Prüftätigkeiten und Prüfprozessen. (DGQ-Band 11-04:2009)

Prüfkosten

Durch planmäßige, ohne einen Fehleranlass durchgeführte **Prüfungen** verursachte Kosten. Prüfkosten beinhalten die Kosten in allen Bereichen der Organisation für das eingesetzte Personal für Prüfungen, die zugehörigen Prüfmittel und die Prüfmittelüberwachung. Anteilige Kosten für Prüftätigkeiten sind dann anzusetzen, wenn Prüf- und andere Tätigkeiten zeitlich ineinander greifen. (In Anlehnung an DIN 555350-11)

Prüflos

Begrenzte Menge oder Anzahl eines Produktes, das einer Qualitätsprüfung unterzogen und anhand dessen die Gesamtheit beurteilt wird. (In Anlehnung an DIN 55350-13)

Prüfmerkmal

Eigenschaft, die geprüft wird. (In Anlehnung an DIN 55350-12)

Prüfmittel

Messeinrichtungen für Qualitätsprüfungen.(DGQ-Band 11-04:2009)

Prüfmittelfähigkeitsuntersuchung

Analyse des Verhaltens einer Messeinrichtung unter realen Einsatzbedingungen (verschiedene Einsatzorte, unterschiedliche Prüfer, reale Werkstücke, eingebaut in verschiedene Messvorrichtungen). Die Ergebnisse ermöglichen eine Aussage darüber, ob diese Prüfmittel und Messeinrichtungen geeignet sind, um bei Messungen mit bestimmter vorgegebener Toleranz oder Prozessstreuung eingesetzt zu werden.

Prüfmittelüberwachung

Gesamtheit der systematischen Tätigkeiten der Kalibrierung, Justierung, Eichung sowie der Instandhaltung von Prüfmitteln und Prüfhilfsmitteln. (DGQ-Band 11-04:2009)

Prüfplan

Spezifikation für eine einzelne oder eine Reihe von **Prüfungen.** Prüfpläne können verschiedene Elemente wie beispielsweise Prüfspezifikation, Prüfanweisung oder Prüfablaufplan enthalten oder auch darauf verweisen. Dies hängt vom jeweiligen Sprachgebrauch der betreffenden Organisation ab. (In Anlehnung an DIN 55350-11)

Prüfspezifikation

Prüfplan mit Festlegungen zur Prüftechnik.

Anmerkung 1: Eine Prüfspezifikation kann zusätzlich auch Festlegungen zu Prüftätigkeiten und Prüfprozessen sowie zur Abfolge von Prüfungen enthalten. (DGQ-Band 11-04:2009)

Prüfstatus

Zustand einer Einheit. Er gibt an, welche **Prüfung** oder Prüfungen mit welchen Ergebnissen an dieser Einheit durchgeführt wurde bzw. wurden. (In Anlehnung an DIN 55350-11)

Prüfung

Konformitätsbewertung durch Beobachtung und Beurteilung. Diese Tätigkeit kann auch durch Messen, Testen oder Vergleichen begleitet werden. Der Begriff Inspektion wird synonym verwendet. (In Anlehnung an DIN EN ISO 9000:2005)

PTB

Physikalisch Technische Bundesanstalt, Braunschweig.

Punktdiagramm

= Dotplot

Grafisches Tool (auch: eindimensionales Streudiagramm), um die gewonnen Messwerte auf einer Achse darzustellen. Man erkennt hierbei bereits erste Verteilungen der Daten. Jeder Punkt ist ein gemessener Wert.

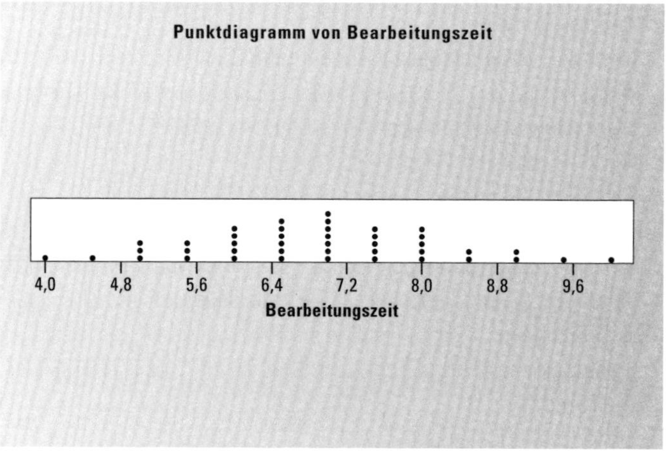

Q 7

Siehe Qualitätswerkzeuge.

QA

Quality Assurance. Qualitätssicherung.

QC

Quality Circle. Siehe Qualitätszirkel.

QEP

Qualität und Entwicklung in Praxen. Modulares Qualitätsmanagementsystem für Arztpraxen, das stufenweise umgesetzt werden kann. Es dient dazu, die gesetzlichen Verpflichtungen, effizient und effektiv in den einzelnen Praxen umzusetzen. QEP wurden von der Kassenärztlichen Bundesvereinigung gemeinsam mit Mitarbeitern der Kassenärztlichen Vereinigungen, niedergelassenen Ärzten, Psychotherapeuten, QM-Experten, Arzthelferinnen und Berufsverbänden entwickelt.

QFD

Siehe Quality Function Deployment.

QKZ

Siehe Qualitätskennzahl.

QM

Qualitätsmanagement.

QMB

Siehe Qualitätsmanagement-Beauftragter.

QM-Beauftragter

Siehe Qualitätsmanagement-Beauftragter.

QM-Bewertung

Siehe Management-Review.

QMC

Qualitätsmanagement Center des VDA, siehe VDA-QMC.

QM-Darlegung

Teil des Qualitätsmanagements zur Schaffung von Vertrauen, dass die Qualitätsforderungen erfüllt werden können.

QM-Dokument

Siehe Dokument.

QM-Element

Siehe Qualitätselement.

QM-Führungselement
Managementelement, in dem die Regeln bezüglich Management in der Umsetzung der Politik festgelegt sind. (DGQ-Band 11-04:2009)

QMH
Siehe QM-Handbuch.

QM-Handbuch
Dokument, in dem das Qualitätsmanagementsystem einer Organisation definiert und verankert ist. QM-Handbücher können – je nach Größe und Komplexität einer Organisation- einen unterschiedlichen Detaillierungsgrad und ein unterschiedliches Format aufweisen. (In Anlehnung an DIN EN ISO 9000:2005)

QM-Nachweisdokument
Siehe Nachweisdokument.

QM-Plan
Siehe Qualitätsmanagementplan.

QMS
Siehe Qualitätsmanagementsystem.

QM-System
Siehe Qualitätsmanagementsystem.

QM-Vereinbarung
Zwischen dem Kunden bzw.Auftraggeber und Lieferanten bzw. Auftragnehmer formell geschlossene Vereinbarung zur Festlegung der Zuständigkeiten für Aufgaben des Qualitätsmanagements vor und nach dem Gefahrübergang. (DGQ-Band 11-04:2009)

QM-Verfahrensanweisung
Siehe Verfahrensanweisung.

QPD
Quality Policy Deployment. Siehe Management by Policy.

QRK
Qualitäts-Regelkarte. Siehe Qualitäts-Regelkarte.

QS
Siehe Qualitätssicherung.

QSA
Qualitätssicherungsanweisung.

QSC
Quality Steering Committee. Qualitäts-Steuerungs-Komitee.**QSV**
Siehe Qualitätssicherungsvereinbarung.

Qualifikation

Erfüllung der Anforderung an die momentane Beschaffenheit, die an einer Einheit nachgewiesen wird. (In Anlehnung an DIN 55350:11)

Qualifizierungsprozess

Prozess, um die Eignung zur Erfüllung festgelegter Anforderungen darzulegen. Der Begriff „qualifiziert" bezeichnet den entsprechenden Status. Die Qualifizierung kann sich auf Personen, Produkte, Prozesse oder Systeme beziehen, z. B. Auditor-Qualifizierungsprozess, Werkstoff-Qualifizierungsprozess. (In Anlehnung an DIN EN ISO 9000:2005)

Qualität

Grad, in dem inhärente Merkmale Anforderungen erfüllen. „Inhärent" bedeutet „einer Einheit innewohnend". Der Begriff „Qualität" kann in Verbindung mit Adjektiven wie „schlecht", „gut" oder „ausgezeichnet" verwendet werden. (In Anlehnung an DIN EN ISO 9000:2005)

Qualitative Daten

Eigenschaften, die beispielsweise eine Ja/Nein oder eine Gut/Schlecht-Aussage erlauben.

Qualitatives Merkmal

Werte eines Merkmals, die einer Skala ohne festgelegte Abstände zugeordnet sind. (In Anlehnung an DIN 55350-12)

Qualitätsanforderung

Siehe Anforderung.

Qualitätsauditarten

Siehe Auditarten.

Qualitätsauditbericht

Siehe Auditbericht.

Qualitätsaudit-Feststellung

Siehe Auditfeststellungen.

Qualitätsauditor

Siehe Auditor.

Qualitätsaufzeichnung

Siehe Aufzeichnung.

Qualitätsbezogene Kosten

Fehlerverhütungs-, Prüf- und Fehlerkosten, die im Rahmen des Qualitätsmanagements entstehen. Dazu zählen auch Kosten für Qualitätsaudits durch Kunden und Zertifizierungsstellen. (In Anlehnung an DIN 55350-11)

Qualitätsbezogene Verluste

In Prozessen und bei Tätigkeiten dadurch verursachte Verluste, dass nicht geeignete Ressourcen eingesetzt, verfügbare Ressourcen nicht ausgeschöpft, verfügbare Ressourcen vergeudet werden.
Anmerkung 1: Einige Beispiele für qualitätsbezogene Verluste sind: Verlust der Kundenzufriedenheit, versäumte Gelegenheiten zu Wertsteigerungen für den Kunden, für die Organisation oder für die Gesellschaft. (DGQ-Band 11-04:2009)

Qualitätsbezogenes Dokument

Dokument, das eine Anweisung für eine Tätigkeit im Qualitätsmanagement, eine Qualitätsanforderung an ein Produkt oder Ergebnisse von Qualitätsprüfungen enthält.

Qualitätsdaten

Daten über die Qualität von Einheiten. Sie geben Auskunft über die angewendeten Qualitätsprüfungen, über die dabei herrschenden Randbedingungen und evtl. über die jeweils zugehörige Anforderung bei der Ermittlung der Qualität. (In Anlehnung an DIN 55350-11)

Qualitätselement

Einheit, die einen Beitrag zur Qualität leistet. (In Anlehnung an DIN 55350-11)

Qualitätsfähiger Prozess

Eignung eines Prozesses zur Realisierung einer Einheit, die Qualitätsforderung an diese Einheit zu erfüllen. (DGQ-Band 11-04:2009)
Kennzahlen zur Bewertung von Prozessen sind C_P und C_{PK}-Werte. Der C_P-Wert gibt die Streuung eines quantitativen Merkmals in Relation zu den Spezifikationsgrenzen an. Im C_{PK}-Wert ist zusätzlich die Lage der Grenzwerte berücksichtigt. Die Kennzahlen sind so definiert, dass ein gerade noch verwendbarer Prozess den Wert „1" ergibt.

Qualitätsfähigkeit

Eignung einer Organisation oder von Teilen einer Organisation, ein Produkt zu realisieren, welches die Qualitätsforderung an diese Einheit erfüllen wird. (DGQ-Band 11-04:2009)

Qualitätsförderung

Optimieren der Qualitätsfähigkeit. Ein Teil der Qualitätsverbesserung ist die Qualitätsförderung. (In Anlehnung an DIN 55350-11)

Qualitätskennzahl

Relativer oder normierter Kennwert zur Beurteilung der Qualität, ermittelt entsprechend dem ausgewählten Kennzahlensystem.

Anmerkung 1: Qualitätskennzahlen werden in der Regel zur Beurteilung einer Serienfertigung angewendet. (DGQ-Band 11-04:2009)

Qualitätskontrolle

Prüfung von Produkten nach vollständiger Herstellung durch Prüfkontrolleure. Dieser Begriff ist aus dem englischen „quality control" entstanden und wird häufig auch als Synonym für Qualitätsprüfung, Qualitätslenkung, Qualitätsaudit oder QM-Darlegung benutzt. Die Übersetzung ist nicht sinngemäß und der Begriff sollte in der deutschen Normung nur eingeschränkt verwendet werden, da Kontrolle negativ interpretiert wird.

Qualitätskreis

Siehe PDCA-Zyklus.

Qualitätslage

Anteil fehlerhafter Einheiten oder Anzahl der Fehler in Prozent der Einheiten im Los (bei qualitativen Merkmalen). Angaben über Lage und Streuung der Merkmalswerte des Qualitätsmerkmals im Los bezüglich der vorgegebenen Merkmalswerte (bei quantitativen Merkmalen). (In Anlehnung an DIN 55350-31)

Qualitätslenkung

Teil des Qualitätsmanagements, der darauf ausgerichtet ist, Qualitätsanforderungen zu erfüllen. (In Anlehnung an DIN EN ISO 9000:2005)

Qualitätsmanagement

Tätigkeiten, die aufeinander abgestimmt sind, um eine Organisation im Hinblick auf Qualität zu lenken und zu leiten. Dies umfasst normalerweise auch das Festlegen der Qualitätspolitik und Qualitätsziele, die Qualitätsplanung, die Qualitätslenkung, die Qualitätssicherung und die Qualitätsverbesserung. (In Anlehnung an DIN EN ISO 9000:2005)

Qualitätsmanagement-Beauftragter

Beauftragter der obersten Leitung. Von der obersten Leitung benanntes Leitungsmitglied. Er verfügt über die Befugnis und Verantwortung, ein QM-System festzulegen und aufrechtzuerhalten.

Qualitätsmanagement-Handbuch

Siehe QM-Handbuch.

Qualitätsmanagementplan

Dokument: Hier wird festgelegt, welche Verfahren und zugehörigen Ressourcen zu welchem Zeitpunkt durch wen für ein spezifisches Projekt, ein Produkt, einen Prozess oder Vertrag angewendet werden müssen. Die genannten Verfahren beziehen sich auf Qualitätsmanagement- und Produktrealisierungsprozesse. Meist verweist ein QM-Plan auf Teile des QM-Handbuchs oder auf Verfahrensdokumente. Der QM-Plan stellt normalerweise auch ein Ergebnis der Qualitätsplanung dar. (In Anlehnung an DIN EN ISO 9000:2005)

Q

Qualitätsmanagementsystem

Managementsystem, um eine Organisation im Hinblick auf Qualität zu leiten und zu lenken. (In Anlehnung an DIN EN ISO 9000:2005)

Qualitätsmerkmal

Inhärentes Merkmal eines Produkts, Prozesses oder Systems, das auf eine Anforderung Bezug nimmt. Unter „inhärent" wird „einer Einheit innewohnend" verstanden, besonders dann, wenn es sich um ein ständiges Merkmal handelt. Ein Merkmal, das einem Produkt, einem Prozess oder einem System zugeordnet ist (z. B. der Preis oder der Eigentümer eines Produkts), wird nicht als Qualitätsmerkmal dieses Produkts oder Systems verstanden. (In Anlehnung an DIN EN ISO 9000:2005)

Qualitätsnachweis

Qualitätsaufzeichnung, die als Nachweis dient, dass die Qualitätsforderung an ein Produkt erfüllt ist.

Qualitätsplanung

Bestandteil des Qualitätsmanagements. Dieser Teil beinhaltet das Festlegen der Qualitätsziele, der notwendigen Ausführungsprozesse und der zugehörigen Ressourcen, um die Qualitätsziele zu erreichen. Ein Teil der Qualitätsplanung kann das Erstellen von Qualitätsmanagementplänen sein. (In Anlehnung an DIN EN ISO 9000:2005)

Qualitätspolitik

Übergeordnete Absichten und Ausrichtung einer Organisation hinsichtlich Qualität. Diese wird formell durch die oberste Leitung erklärt. Die Qualitätspolitik passt in aller Regel mit der übergeordneten Politik einer Organisation zusammen und bildet den Rahmen, um Qualitätsziele festzulegen. Qualitätsmanagementgrundsätze der ISO 9000 ff. können als Basis für die Festlegung der Qualitätspolitik herangezogen werden. (In Anlehnung an DIN EN ISO 9000:2005)

Qualitätsprüfung

Prüfung, in welchem Maß eine Einheit die Qualitätsforderung erfüllt. (In Anlehnung an DIN 55350-17)

Qualitätsregelkarte

Die Qualitätsregelkarte ist ein Qualitätswerkzeug (Q 7), um einen Fertigungsprozess auf statistischer Basis zu überwachen und zu steuern. Prozessdaten (Messwerte oder Kennzahlen) werden über einen längeren Zeitraum gesammelt und mithilfe der Regelkarte (Formblatt mit Koordinatensystem) grafisch dargestellt. In diese werden im Vorfeld Mittelwert, Warn-, Eingriffs- und Toleranzgrenzen eingezeichnet. Aus dem Verlauf der Daten können Rückschlüsse auf die Prozessfähigkeit getroffen werden.

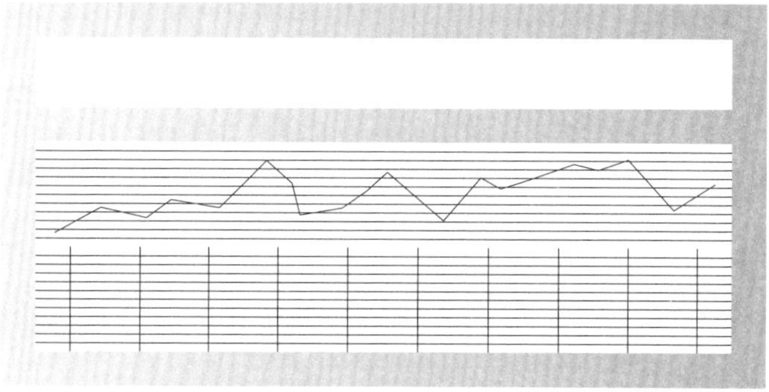

Qualitätssicherung

Teil des Qualitätsmanagements, das der Schaffung des Vertrauens dient, dass Qualitätsanforderungen erfüllt werden. (In Anlehnung an DIN EN ISO 9000:2005)

Qualitätssicherungsvereinbarung

Vertragliche Vereinbarung zwischen einem Lieferanten und seinem Kunden als Ergänzung zu Kauf- oder Lieferverträgen. Eine QSV enthält Vereinbarungen über die Organisation von Abläufen sowie Maßnahmen zur Qualitätssicherung vor, während und nach der Produktion. Dazu zählen beispielsweise die Beurteilung des QM-Systems, Systemaudits, Erstmusterprüfungen, Prozess- und Maschinenfähigkeitsnachweise, Prüfungen, Nachweise, Dokumente, Umgang mit Reklamationen, Regelungen zur Gewährleistung, Umgang mit technischen Änderungen oder auch die Produkthaftung.

Qualitätsverbesserung

Teil des Qualitätsmanagements, der darauf gerichtet ist, die Eignung zur Erfüllung der Qualitätsanforderungen zu erhöhen. Bei den Anforderungen kann es sich um jeden beliebigen Aspekt wie Wirksamkeit, Effizienz oder Rückverfolgbarkeit handeln. (In Anlehnung an DIN EN ISO 9000:2005)

Qualitätswerkzeuge

Die (sieben) Qualitätswerkzeuge werden auch als die sieben elementaren Qualitätswerkzeuge bezeichnet. Sie wurden ursprünglich zur Nutzung in den Qualitätszirkeln von Kaoru Ishikawa zusammengestellt. Es handelt sich hierbei um visuelle Hilfsmittel, die dazu dienen, Probleme zu erkennen, zu verstehen und schließlich zu lösen. Es sind dies im Einzelnen: Fehlersammelliste, Histogramm (Säulendiagramm), Qualitätsregelkarte, Pareto-Diagramm, Korrelationsdiagramm (Streudiagramm), Brainstorming und Ursache-Wirkungs-Diagramm (Ishikawa-Diagramm).

Qualitätswesen

Jener Teil der Organisationsstruktur, der sich vorwiegend mit Tätigkeiten des Qualitätsmanagements befasst. Das Qualitätswesen legt auf der Grundlage der Qualitätspolitik Ziele und Verantwortlichkeiten fest, um berechtigte Kundenanforderungen zufrieden zu stellen. Aufgabe ist die Planung, Lenkung, Sicherung und Verbesserung unter Einsatz aller verfügbaren Ressourcen wie Finanzen, Personal und Equipment. Qualitätsmanagement ist in gewissem Sinn die Aufgabe aller Mitarbeiter. In Differenz dazu meint Qualitätswesen jene Abteilungen, Stellen und Prüfinstanzen, bei denen Tätigkeiten der Qualitätskontrolle überwiegen.

Qualitätszahl

Anlässlich einer Variablenprüfung gewonnener Schätzwert zur Beschreibung der Verteilung von Istwerten in Bezug auf einen Grenzwert, einen Abweichungsgrenzbetrag, einen Grenzbetrag oder ein Grenzquantil. (DGQ-Band 11-04:2009)

Q

Qualitätsziel

Etwas, das bezüglich Qualität angestrebt oder erreicht werden soll. In aller Regel basieren Qualitätsziele auf der Qualitätspolitik der Organisation. Sie werden meistens für die zutreffenden Funktionsbereiche und Ebenen in der Organisation festgelegt. (In Anlehnung an DIN EN ISO 9000:2005)

Qualitätszirkel

Eine auf Dauer angelegte Kleingruppe (6–10 Mitarbeiter), in der Mitarbeiter einer hierarchischen Ebene mit einer gemeinsamen Erfahrungsgrundlage in regelmäßigen Abständen auf freiwilliger Basis zusammenkommen. Ziel ist es, Themen des eigenen Arbeitsbereiches zu analysieren und dafür unter Anleitung eines geschulten Moderators mithilfe spezieller Problemlösungs- und Kreativitätstechniken Verbesserungsvorschläge zu erarbeiten und zu präsentieren. Außerdem kann die Gruppe, die in den organisatorischen Rahmen des QZ-Systems eingebunden ist, Vorschläge selbst oder im Instanzenweg umsetzen und die Ergebniskontrolle durchführen.

Quality Function Deployment

Methode im Qualitätsmanagement, um Produkte und Dienstleistungen zu konzeptionieren, herzustellen und zu verkaufen, die der Kunde wirklich wünscht. Dabei werden alle Unternehmensbereiche einbezogen. Der Japaner Yoji Akao hat diese Methode als Grundkonzept zur Qualitätsplanung entwickelt. Die Qualitätsmethode QFD gehört zu den fehlervermeidenden Verfahren. Sie kommt in der Produktplanungsphase zum Einsatz. QFD wird häufig als „Stimme des Kunden" bezeichnet. Der Grund liegt darin, dass der systematische Ansatz des QFD nicht mit der Gegenüberstellung von Kundenforderungen und Produktmerkmalen endet, sondern sich bis hin zur anforderungsgerechten Betrachtung von Prozessmerkmalen fortsetzt.

Quality-Losses

Siehe Qualitätsbezogene Verluste.

Quantil

Punkte einer Verteilungsfunktion (Werte einer Messskala), die Mengenrelationen aller Punkte (aller Messwerte) bezeichnen. Ein gebräuchliches Quantil ist das Quartil, das alle Punkte (Werte) in 4 Mengen untergliedert. So liegen 25 % aller Punkte (Messwerte) unterhalb des 1. Quartils, 75 % liegen unterhalb des 3. Quartils. Man spricht z. B. vom Mindestquantil, wenn ein vorgegebener Merkmalswert einen vorgegebenen Unterschreitungsanteil bezeichnet, oder von einem Ist-Quantil, wenn zu einem vorgegebenen Verteilungsanteil ein Merkmalswert festgestellt wird.

Quantitative Daten

Mess- und Zähldaten.

Quantitatives Merkmal

Werte eines Merkmals, die einer Skala mit festgelegten Abständen zugeordnet sind. (In Anlehnung an DIN 55350-12)

QZ

1. Siehe Qualitätszirkel.
2. Qualität und Zuverlässigkeit. Fachzeitschrift im Hanser Verlag.

RADAR

Results, Approach, Deployment, Assessment und Review. Gehört zum von der European Foundation for Quality Management aufgestellten Modell, mit dem der Fortschritt einer Organisation in Richtung auf die Erzielung exzellenter Ergebnisse bewertet wird. Im Fokus steht ein ständig wachsender Reifegrad der Organisation, der mit Hilfe der RADAR-Bewertungsmethodik beurteilt wird. Diese orientiert sich an der Relevanz und Nutzbarkeit, der Leistung (Results), den dazu führenden Vorgehensweisen (Approach), am Grad der Umsetzung (Deployment) und an der Bewertung und Verbesserung (Assess & Refine) – (EFQM Excellence Model 2010). Die Einzelbewertungen der 32 Teilkriterien können zu einer Gesamtbewertung zwischen 0 und 1000 Punkten zusammengefasst werden.

RAL

Deutsches Institut für Gütesicherung und Kennzeichnung e.V., Sankt Augustin. Gemeinnützige Institution, 1925 als Reichs-Ausschuss für Lieferbedingungen (RAL) gegründet. Wesentliche Aufgaben sind heute: Schaffung von Gütezeichen, Lieferung von weltweit verbindlichen Farbvorlagen, Verleihung des Umweltzeichens Blauer Engel und des europäischen Umweltzeichens, Registrierungen, Vereinbarungen sowie RAL-Testate.

Range

Siehe Spannweite.

R

Reengineering

Siehe Business Process Reegineering.

Red X

Begrifflichkeit aus der Six Sigma-Methodik. Beschreibt die Kerneinflussgrößen eines Prozesses. In den Phasen des Six Sigma DMAIC-Projektmanagement werden diese identifiziert und optimal eingestellt. Ziel ist es, die Prozessfähigkeit zu erhöhen.

Referenzbedingungen

Festgelegte Bereiche für zugelassene Werte von Einflussgrößen. Die Bereiche werden durch Sollwerte mit Grenzwerten oder Toleranzbereichen definiert. (In Anlehnung an DIN 1319-1)

Referenzmaterial
Material oder Substanz mit Merkmalen, dessen Werte mit ausreichender Genauigkeit und Zeitabhängigkeit festliegen. Diese beziehen sich auf die Kalibrierung, die Beurteilung eines Messverfahrens oder die quantitative Ermittlung von Merkmalswerten eines Materials. (In Anlehnung an DIN 1319-1)

Referenzmodell
Branchentypisches (Prozess-)Modell zur Gestaltung/Darstellung der Prozesse im Unternehmen, das ein bestimmtes Maß an Allgemeingültigkeit besitzt.

Referenzverfahren
Festgelegtes Verfahren, mit dem eine Folge von Merkmalswerten eines kontinuierlichen Merkmals ermittelt wird, die durch Vereinbarung Geltung besitzt. (DGQ-Band 11-04:2009)

Regelkarte
Siehe Qualitäts-Regelkarte.

Regression
Statistisches Modell zur quantitativen Beschreibung eines Zusammenhangs zwischen einer Eingangs- und einer Ausgangsvariable. Die Beschreibung erfolgt über eine Regressionsfunktion, grafisch etwa durch eineRegressionsgerade. Man unterscheidet zwischen einfacher, multipler, linearer und nichtlinearer Regression.

RegTP
Akkreditierungsstelle der Regulierungsbehörde für Telekommunikation und Post. Sie wurde am 01.01.1998 gegründet und am 13.07.2005 in Bundesnetzagentur umbenannt. (Siehe BNetzA)

Reifegrad
Bestimmtes Stadium der Reifung bzw. organisationale Reife eines Unternehmens in der Umsetzung eines Managementsystems oder eines kontinuierlichen Verbesserungsprozesses.

Reizwort-Analyse

Kreativitätstechnik, bei der aus zufällig ausgewählten Reizwörtern (oder Bildern) Ideen abgeleitet werden. Das Zufallselement dient dazu, völlig neue Assoziationen und Ideen zu produzieren. Vorgehensweise: Zunächst wird ein Reizwort aus einer zufälligen Quelle ausgewählt, das mit dem Ausgangsproblem nichts zu tun hat (beispielsweise ein Zufallswort aus dem Lexikon). Es dient als Anregung zur Lösung. Im nächsten Schritt notieren sich alle Teilnehmer, was ihnen dazu einfällt (Brainstorming). Danach werden die notierten Einfälle analysiert und auf das Ausgangsproblem übertragen.

Relationendiagramm

Das Relationendiagramm ist ein Managementwerkzeug (M7) und wird angewendet, um Wechselwirkungen zu veranschaulichen. Die Beziehungen zwischen den Ursachen eines zentralen Problems werden mittels Pfeilen gekennzeichnet. Außerdem werden die Ursachen nach ihrer Bedeutung klassifiziert. Das Ergebnis ist eine Darstellung der Hauptursachen eines Problems sowie der Beziehungen zueinander (Relationen). Mögliche Lösungen lassen sich nun leicht ableiten.

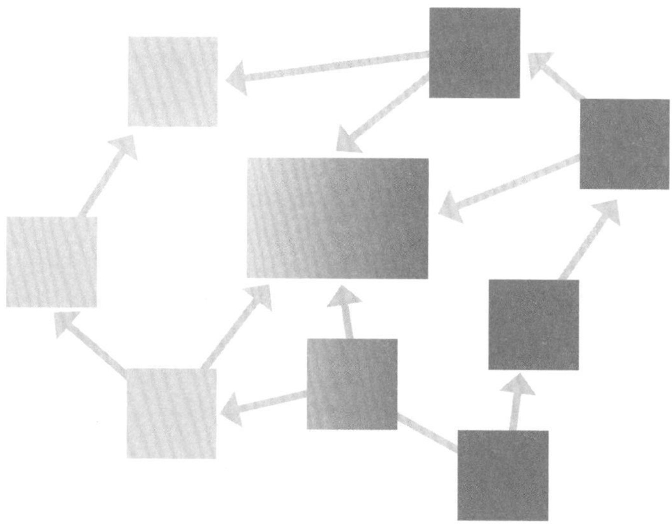

R

Reparatur

Maßnahme an einem fehlerhaften Produkt, damit es für den beabsichtigten Gebrauch annehmbar wird. Zur Reparatur zählen auch Abhilfemaßnahmen, um ein jetzt fehlerhaftes – aber ursprünglich fehlerfreies - Produkt in einen gebrauchsfähigen Zustand zu bringen (z. B. als Teil der Instandhaltung). Eine Reparatur kann Teile des fehlerhaften Produkts beeinflussen oder verändern – im Unterschied zur Nacharbeit. (In Anlehnung an DIN EN ISO 9000:2005)

Responsible Care

Verantwortliches Handeln. Diese weltweite Initiative steht für den Willen der chemischen Industrie, nach einer ständigen Verbesserung der Unternehmen in den Bereichen Umwelt, Sicherheit und Gesundheit (Environment, Safety and Health) zu streben (unabhängig von gesetzlichen Vorgaben) und die Fortschritte auch regelmäßig öffentlich aufzuzeigen.

Review

Siehe Management-Review.

Review-Technik

Verfahren zur Überprüfung der Entwicklungsqualität. Mithilfe eines Fragenkataloges wird das Projekt oder das Produkt technisch und organisatorisch analysiert und kritisch beurteilt. Die Methode der Review-Technik entstand Mitte der 60er-Jahre im militärischen Bereich.

Re-Zertifizierung

Erneute Zertifizierung. Vor Ablauf der Gültigkeit eines Zertifikates kann eine erneute Zertifizierung durchgeführt werden. Zertifikate für Managementsysteme sind meist drei Jahre gültig. Siehe auch Wiederholungsaudit.

Richtiger Wert

Messwert oder Zahlenwert für Vergleichszwecke. Die Abweichung vom **wahren Wert** wird für den Vergleichszweck als vernachlässigbar angesehen. (In Anlehnung an DIN 1319-1)

Richtwert

Messwert oder Zahlenwert, der eingehalten oder erreicht werden soll, ohne dass konkrete Grenzwerte vorgegeben sind. (In Anlehnung an DIN 55350-12)

Risiko

Kombination der Wahrscheinlichkeit eines Ereignisses und seiner Auswirkung. (DGQ-Band 11-04:2009)

Risikoprioritätszahl

Mithilfe dieses Wertes können (im Rahmen der FMEA) potenzielle Fehler zur Risikobeurteilung quantifiziert werden. Die Risikoprioritätszahl (RPZ) errechnet sich wie folgt:

RPZ = Wahrscheinlichkeit des Auftretens (eines potenziellen Fehlers) x Bedeutung der Folgen x Wahrscheinlichkeit der Entdeckung. Die Werte liegen in der Regel zwischen 1 und 1000.

RPZ

Siehe Risikoprioritätszahl.

Rückformulieren

Technik im Audit: Aussagen werden durch den Auditor mit eigenen Worten (rück-)formuliert.

Rückverfolgbarkeit

Möglichkeit, um den Werdegang, die Verwendung oder auch den Ort des Betrachtungsgegenstandes nachzuvollziehen. Die Rückverfolgbarkeit kann sich bei einem Produkt auf die Herkunft von Werkstoffen und Teilen, den Ablauf der Verarbeitung oder die Verteilung bzw. den Standort des Produktes nach der Auslieferung beziehen. (In Anlehnung an DIN EN ISO 9000:2005)

Rückweisewahrscheinlichkeit

Wahrscheinlichkeit der Rückweisung eines Prüfloses aufgrund einer Stichprobenabweisung. Die Rückweisewahrscheinlichkeit richtet sich nach der Qualität des Prüfloses (z. B. dessen Qualitätslage). (In Anlehnung an DIN 55350-31)

Rückweisung

Feststellung, dass die Forderungen, um ein Prüflos anzunehmen, nicht erfüllt sind. (In Anlehnung an DIN 55350-31)

Rückzuweisende Qualitätsgrenzlage

Qualitätslage, bei der das Prüflos eine geringe Annahmewahrscheinlichkeit hat. Die Kurzbezeichnung lautet LQ(L) für „Limiting Quality Level". (In Anlehnung an DIN 55350-31)

7 Kreativitätswerkzeuge
Siehe Kreativitätswerkzeuge.

7 Managementwerkzeuge
Siehe Managementwerkzeuge.

7 Qualitätswerkzeuge
Siehe Qualitätswerkzeuge.

7 W-Fragen
Warum? Was? Wer? Wie viel? Wie? Wann? Wie gut?

Sachbezogener Ansatz
Der sachbezogene Ansatz zur Entscheidungsfindung zählt zu den Acht Grundsätzen des Qualitätsmanagements (siehe Grundsätze des Qualitätsmanagements).

Sachkundiger
Siehe Fachexperte

SAQ
Swiss Association for Quality, Kirchberg (Schweiz).

Säulendiagramm
Siehe Histogramm.

SCC
Sicherheits Certifikat für Contractoren. Anforderungen an Sicherheits-, Gesundheits- und Umweltmanagementsysteme. Standard der niederländischen Mineralöl- und petrochemischen Industrie, der 1989 entwickelt wurde. Ziel war es, bei der Vergabe von Wartungs- und Montagearbeiten oder Bauprojekten einheitliche Anforderungskriterien an das Sicherheitsmanagement der Auftragnehmer zu stellen.

Schätzfunktion
Kenngröße, um einen Parameter einer Wahrscheinlichkeitsverteilung zu schätzen. (In Anlehnung an DIN 55350-24)

Schlüsselprozess

Prozess, der für das Unternehmen strategisch wichtig ist und entscheidend zum Geschäftserfolg beiträgt. Mithilfe der folgenden Entscheidungsfaktoren können Schlüsselprozesse identifiziert werden: Wertschöpfung, Kundennutzen und eigenes Know-how. Schlüsselprozesse können Kern-, Management- oder Unterstützungsprozesse sein. Beispiel: Zwei Bildungsanbieter bieten das gleiche Angebot in der gleichen Qualität an. Einer von beiden verfügt über eine ausgezeichnete Vermarktungsstrategie, die ihm den betriebswirtschaftlichen Erfolg sichert. Somit ist der Unterstützungsprozess „Vertrieb" zentral für den Erfolg des Unternehmens und damit ein Schlüsselprozess.

SCM

Siehe Supply Chain Management.

Scoring-Modell

Siehe EFQM Excellence Award.

SCQ

Siehe Supply Chain Quality.

Seiketsu

Persönlicher Ordnungssinn. Jeder Mitarbeiter muss an seinem Arbeitsplatz damit anfangen, wenn persönliche Sauberkeit und Ordnung zur Gewohnheit werden sollen. Begriff japanischen Ursprungs, siehe auch Fünf S.

Seiri

Ordnung schaffen. Dieser Begriff japanischen Ursprungs bedeutet, dass am Arbeitsplatz nur die tatsächlich notwendigen Arbeitsmittel vorhanden sein sollen. Unnötige Werkzeuge, Maschinen, fehlerhafte Teile oder überflüssige Papiere und Dokumente sollen vom Arbeitsplatz entfernt werden, um Ordnung zu schaffen. Siehe auch Fünf S.

Seiso

Sauberkeit. Arbeitsplatz, Maschinen und Werkzeuge müssen sauber gehalten werden. Begriff japanischen Ursprungs, siehe auch Fünf S.

Seiton

Ordnungsliebe. Um Ordnung am Arbeitsplatz aufrecht zu erhalten, müssen die notwendigen Arbeitsmittel sich in einem einwandfreien Zustand befinden. Weiterhin sollen sie entweder griffbereit sein oder am richtigen Platz aufbewahrt werden. Begriff japanischen Ursprungs, siehe auch Fünf S.

Selbstbewertung

Umfassende und systematische Bewertung der Tätigkeiten der Organisation. Diese beziehen sich auf das Qualitätsmanagementsystem oder ein Exzellenzmodell. Die Selbstbewertung kann der Organisation einen Gesamtüberblick über ihre Leistung und den Reifegrad ihres Qualitätsmanagementsystems liefern. (In Anlehnung an DIN 9000:2005)

Selbsterklärung

Siehe Anbietererklärung.

Selbstprüfung

Qualitätsprüfung, die vom Bearbeiter selbst durchgeführt wird. Sie ist ein notwendiger Bestandteil der Qualitätslenkung. (In Anlehnung an DIN 55350-17)

Self-Assessment

Siehe Selbstbewertung.

SGU-Managementsystem

Sicherheits-, Gesundheits-, Umweltmanagementsystem. Siehe auch SCC.

Shainin

Die Shainin-Methode ist eine statistische Versuchsmethodik. Sie wurde nach ihrem Erfinder Dorian Shainin (1914-2000) benannt. Er entwickelte eine Problemfindungsstrategie, die (ähnlich der Pareto-Regel) davon ausgeht, dass eine Vielzahl von Problemen mit nur wenigen Ursachen zusammenhängt.

Shainin-Methode

Siehe Statistische Versuchsplanung.

Shareholder

Anteilseigner, Kapitalgeber, Investoren eines Unternehmens.

Shewhart Qualitätsregelkarte

Siehe Qualitäts-Regelkarte.

Shitsuke

Disziplin. Standards, Regeln und Vorschriften, die den Arbeitsprozess betreffen, müssen zwingend eingehalten werden. Begriff japanischen Ursprungs, siehe auch Fünf S.

Sicherheit

Es besteht dann Sicherheit, wenn in einem Unternehmen, einer Organisation die Wahrscheinlichkeit des Eintretens von Schäden für Personen oder Sachen oder einer Störung von Betriebsabläufen auf ein vertretbares Maß eingegrenzt ist. Zu den klassischen Bereichen der Sicherheit (Arbeitssicherheit als Gefahrenfreiheit am Arbeitsplatz; Betriebssicherheit als störungsfreies Funktionieren technischer Anlagen; Gebäudesicherheit im Sinne einer funktionierenden Überwachung) kommt heute vor allem die Sicherheit der Informationstechnik (IT-Sicherheit) hinzu.

Sicherheitsmanagement

Alle Planungen, Maßnahmen oder Verfahren, die die Sicherheit eines Unternehmens oder einer Organisation gewährleisten und im Fall einer eingetretenen Störung Aus- und Folgewirkungen begrenzen sollen. Zu den Aufgaben gehören u.a. Bedrohungs- und Schwachstellenanalysen, Formulierung von Sicherheitszielen und -maßnahmen, die Erstellung eines Sicherheitskonzepts und die Festlegung von Verantwortungen in allen Bereichen. Weiterhin schließt das Sicherheitsmanagement die Überprüfung der Umsetzung des Sicherheitskonzepts, die Durchführung der geplanten Maßnahmen, die Einhaltung der Sicherheitsrichtlinien sowie die Wirksamkeit der umgesetzten Sicherheitsmaßnahmen ein.

Sicherheitsmanagementsystem

Verfahren und Prozesse zur Verhinderung von Störfällen und zur Begrenzung ihrer Auswirkungen. Ein Sicherheitsmanagementsystem regelt folgende Aspekte: Organisation und Personal, Ermittlung und Bewertung der Gefahren von Störfällen, Überwachung des Betriebs, sichere Durchführung von Änderungen, Planung für Notfälle, Überwachung der Leistungsfähigkeit des Sicherheitsmanagementsystems, systematische Überprüfung und Bewertung.

Sigma-Wert

Der Sigma-Wert gibt eine Aussage über die Prozessfähigkeit wieder. Bei Normalverteilung besagt der Sigma-Wert, wie viele Standardabweichungen ausgehend vom Mittelwert bis zur nächsten (Kunden-) Spezifikationsgrenze liegen. Der Sigma-Wert (mathematisch z-Wert genannt) kann sowohl für qualitative Daten als auch für quantitative Daten ausgerechnet werden.

Unterschiedliche Prozesse können über den Sigma-Wert vergleichbar gemacht werden. Denn sie vergleichen die Prozesse über deren Streuung im Hinblick auf die Kundenanforderungen, bzw. über die Prozessfähigkeit des Prozesses über die Erfüllung der Kundenanforderungen.

Simultaneous Engineering

Besondere Form der Projektorganisation in der Produktentwicklung. Bei der Entwicklung von Produkten werden die einzelnen Schritte parallel (und nicht sequentiell) abgearbeitet. Damit entstehen gleichzeitige bzw. überlappende Produktentwicklungsphasen. Lieferanten und Systemhersteller werden frühzeitig und weitgehend in diesen Prozess einbezogen. Die starke Parallelisierung verkürzt die Produktentwicklungszeit.

Single-Sourcing

Konzentration der Beschaffung auf wenige Systemlieferanten, d.h. Lieferanten, die viele Produkte/Dienstleistungen aus einer Hand anbieten.

SIPOC

Supplier – Input – Process – Output – Customer.

Prozessdarstellung, die bereits Zusammenhänge in der gesamten Kette zwischen Lieferant und Kunde sichtbar macht, vor allem ob die Outputs tatsächlich den Kundenwunsch erfüllen.

Six Sigma

Six Sigma hat grundsätzlich zwei Bedeutungen: Zum einen ist Six Sigma eine statistische Messgröße für die Prozessfähigkeit und damit eine Messgröße für die Güte eines Prozesses bezüglich der Erfüllung von Kundenanforderungen. Von einer 6 Sigma-Prozessfähigkeit wird dann gesprochen, wenn die Spezifikationsgrenzen 6 Standardabweichung, also 6 Sigma vom Mittelwert entfernt sind. Wenn diese Prozessfähigkeit erreicht wird, dann entstehen bei 1 Million Möglichkeiten nur 3,4 defekte Teile. Zum anderen verbirgt sich hinter dem Begriff Six Sigma eine Unternehmensstrategie. Die Strategie geht von den Kundenerwartungen aus und zielt darauf ab, alle Prozesse des Unternehmens zu optimieren und letztlich den Gewinn zu steigern. Schlüsselpersonen sind der Champion, der Master Black Belt, der Black Belt, der Green Belt und der Yellow Belt. (Siehe auch jeweiligen Begriff) Die Methode Six Sigma entstand 1979 aufgrund enormer Qualitätsprobleme bei Motorola auf der Suche nach Methoden zur Produkt- und Prozessverbesserung.

SMMT

Society of Motor Manufacturers and Traders Ltd., London. (www.smmt.co.uk)

SNV

Schweizerische Normen-Vereinigung, Winterthur, Schweiz.

Software

Siehe Produkt.

Sollwert

Wert eines quantitativen Merkmals. Die Istwerte dieses Merkmals sollen so wenig wie möglich davon abweichen. (In Anlehnung an DIN 55350-12)

Sonderfreigabe

Genehmigung, ein Produkt zu gebrauchen oder freizugeben, das die festgelegten Anforderungen nicht erfüllt. Eine Sonderfreigabe ist normalerweise auf die Auslieferung eines Produkts mit fehlerhaften Merkmalen für einen vereinbarten Zeitraum oder eine vereinbarte Menge innerhalb festgelegter Grenzen limitiert. (In Anlehnung an DIN EN ISO 9000:2005)

SOP

= **S**tandard **O**perating **P**rocedure

= Standardvorgehensweise

Arbeitsanweisung, welche wiederkehrende Arbeitsabläufe beschreibt und dokumentiert.

Sortierprüfung

100 %-Prüfung, bei der sämtliche gefundenen fehlerhaften Einheiten aussortiert werden. (DGQ-Band 11-04:2009)

SP

Siehe Selbstprüfung.

Spannweite

Differenz zwischen dem größten Einzel-Istwert und dem kleinsten Einzel-Istwert. (In Anlehnung an DIN 55350-23)

SPC

Statistical Process Control. Siehe Statistische Prozesslenkung.

Spezieller Prozess

Prozess, bei dem das qualitätsbezogene Ergebnis entweder nicht durch Qualitätsprüfungen, nicht vollständig, nur mit unverhältnismäßig hohem Aufwand oder nicht rechtzeitig festgestellt werden kann. Deshalb werden spezielle Prozesse prinzipiell vorab qualifiziert und überwacht. (In Anlehnung an DIN 55350-11)

Spezifikation

Dokument mit festgelegten Anforderungen für ein Produkt. Eine Spezifikation kann Tätigkeiten (z. B Verfahrensdokument, Prozessspezifikation, Testspezifikation), oder Produkte (z. B. Produktspezifikation, Leistungsspezifikation, Zeichnung) betreffen. (In Anlehnung an DIN EN ISO 9000:2005)

Spezifikationsgrenze/-limit

Der Kunde legt in seinen Anforderungen an ein Produkt oder eine Dienstleistung einen Sollwert fest, der zu erreichen ist. Zudem gibt er Spezifikationsgrenzen vor, in denen er Schwankungen toleriert. Daraus ergibt sich eine untere Toleranzgrenze, auch untere Spezifikationsgrenze (USG) genannt, bzw. eine obere Toleranzgrenze, auch obere Spezifikationsgrenze (OSG) genannt.

SPI

Strategic Planning Institute. Siehe PIMS-Studie.

SPR

Siehe Statistische Prozessregelung.

SQAS

Safety Quality Assessment System. Standard des europäischen Chemieverbands CEFIC. Qualitäts-, Sicherheits-, Arbeitsschutz- und Umweltmanagementsystem für Dienstleister in der Logistik sowie Chemie mit dem Ziel einer einheitlichen Bewertung durch unabhängige Assessoren, die denselben Standard/ Fragebogen nutzen.

SQC

Statistical Quality Control. Statistische Qualitätskontrolle.

Stakeholder

Siehe Interessierte Partei.

STANAG

NATO Standardization Agreement: Standardisierungsübereinkommen der NATO-Vertragsstaaten über die Anwendung standardisierter Verfahren oder ähnlicher Ausrüstung. Ziel ist es, eine möglichst einheitliche Ausrüstung aller NATO-Truppen in verschiedenen Bereichen zu erreichen.

Standard

Einheitliche, anerkannte und angewandte Art und Weise etwas herzustellen oder durchzuführen. Ein Standard besteht in Form eines formalisierten oder nicht-formalisierten Regelwerks oder einer Norm. In technischen Bereichen existieren Industriestandards, herstellerspezifische Standards und der offene Standard.

S

Standardabweichung

Ein statistisches Streuungsmaß, das auf den Quadraten der Abweichung der Einzelwerte vom Durchschnitt beruht.

Standardisierung

Vereinheitlichung von Maßen, Typen, Verfahrensweisen.

Ständige Verbesserung

Wiederkehrende Tätigkeiten, um die Fähigkeit zur Erfüllung von Anforderungen zu erhöhen. Es ist ein ständiger Prozess, Ziele festzulegen und Verbesserungsmöglichkeiten zu finden. Die Nutzung von Auditfeststellungen, Auditschlussfolgerungen, Datenanalysen, Bewertungen oder anderen Mitteln durch die Leitung bedingen normalerweise Korrektur- oder Vorbeugemaßnahmen. (In Anlehnung an DIN EN ISO 9000:2005)

Statistische Methoden

Statistische Methoden, die zur statistischen Prozesslenkung eingesetzt werden sind beispielsweise Regelkarten zur Prüfung und Überwachung der Prozessstabilität oder Prozessfähigkeitsanalysen.

Statistische Prozesslenkung

Statistische Qualitätslenkung bei Prozessen (DGQ-Band 11-04:2009). Instrument, das auf mathematisch-statistischen Grundlagen beruht. Es dient dazu, einen optimierten Prozess durch beständige Überwachung und ggf. Korrekturen in diesem optimierten Zustand zu stabilisieren. Es wurde vom Amerikaner Shewhart entwickelt.

Statistische Qualitätslenkung

Teil der Qualitätslenkung unter Einsatz statistischer Verfahren. (In Anlehnung an DIN 55350-11)

Statistische Qualitätsprüfung

Qualitätsprüfung unter Anwendung statistischer Methoden. (In Anlehnung an DIN 55350-17)

Statistische Versuchsplanung

Derjenige Teil der Versuchsplanung, bei dem statistische Verfahren eingesetzt werden.

Anmerkung 1: Shainin-Methode wird eine Strategie der Problemlösung in einer laufenden Fertigung speziell mit Hilfe der statistischen Versuchsmethodik genannt. Sie besteht darin, dass zunächst anhand einfacher Voruntersuchungen, z. B. mittels paarweiser Vergleiche, die Problemschwerpunkte festgestellt werden. Man versucht so die Anzahl der für das Problem vermutlich verantwortlichen Einflussgrößen zu reduzieren. Es verbleiben „k" Einflussgrößen. Deren Wirkungen werden in einem vollständigen faktoriellen Versuchsplan „2k" untersucht. (DGQ-Band 11-04:2009)

Stetige Daten

Siehe quantitative Daten

Stichprobe

Eine oder mehrere Einheiten, die aus der Grundgesamtheit oder aus einem Teil davon stammen. Der Begriff „Stichprobe" lässt sich auf jenen „Stich" (mit einem Hohlmesser) zurückführen, mit dem man aus einer Massenguteinheit eine Probe entnahm. Sie wurde später ebenfalls bei Proben verwendet, die auf einem anderen Weg der Grundgesamtheit entnommen werden. Man spricht – um ein Beispiel zu nennen – von Stichproben in der amtlichen Statistik sowie im Qualitätsmanagement. Der Begriff „Probe" wird heute hauptsächlich bei Massengütern verwendet. Oft werden die Merkmalswerte, die an Einheiten festgestellt werden – statt der Einheiten der Stichproben – als Stichprobe bezeichnet. Demzufolge können die Anzahl der Merkmalswerte und die Anzahl der Stichprobeneinheiten unterschiedlich sein. Mit einer Stichprobe wird bezweckt, Kenntnisse über eine Grundgesamtheit oder über eine Teilgesamtheit zu gewinnen. Bei der Grundgesamtheit kann es sich beispielsweise um ein Prüflos handeln. (In Anlehnung an DIN 55350-14)

Stichprobenanweisung

Anweisung bezüglich der Stichproben, die zu entnehmen sind. Sie erstreckt sich auch auf die Prüfmerkmale und die Kriterien zur Festlegung der Annehmbarkeit des Prüfloses. (In Anlehnung an DIN 55350-31)

Stichprobenplan

Stichprobenanweisungen, die nach übergeordneten Gesichtspunkten zusammengestellt werden. Diese ergeben sich aus dem Stichprobensystem und beinhalten auch Regeln für den Verfahrenswechsel. (In Anlehnung an DIN 55350-31)

Stichprobenprüfung

Überprüfung vorgegebener Prüfmerkmale eines Anteils einer Gesamteinheit, die repräsentativ für die Einheit ist. Die Ergebnisse der Stichprobenprüfung lassen einen Schluss auf die Qualität der Grundgesamtheit zu.

Stichprobenumfang

Anzahl der Einheiten, die für eine Stichprobe ausgewählt werden. Oft werden die an den Einheiten festgestellten Merkmalswerte – statt der Einheiten der Stichprobe – als Stichprobe bezeichnet. Dies kann Verwechslungen beim Stichprobenumfang nach sich ziehen. Schließlich können die Anzahl der Merkmalswerte und die Anzahl der Stichprobeneinheiten unterschiedlich sein. (In Anlehnung an DIN 55350-14)

Stichprobenvarianz

Summe der Quadrate der Abweichungen der Istwerte von ihrem arithmetischen Mittelwert dividiert durch die um Eins verminderte Anzahl der Istwerte. (DGQ-Band 11-04:2009)

Störung

Fehlende, fehlerhafte oder unvollständige Erfüllung einer geforderten Funktion durch die Einheit.

Anmerkung 1: Auch eine vorübergehende Beeinträchtigung der Funktionserfüllung kann eine Störung sein.

Anmerkung 2: Eine Störung ist ein Zustand. Die Zeitspanne dieses Zustands heißt Störungsdauer. Sie darf nicht Ausfalldauer genannt werden. Der Ausfall ist ein Ereignis. (DGQ-Band 11-04:2009)

Stratifikation

Getrenntes Aufbereiten von Daten unterschiedlicher Herkunft.

Streudiagramm

Siehe Korrelationsdiagramm.

Streumaß

Maßzahl, die Abweichungen erfasst.

Streuung

Qualitative Bezeichnung für das Abweichungsverhalten von Merkmalswerten.

Anmerkung: Quantitative Angaben zur Streuung sind beispielsweise Varianz, Standardabweichung, Spannweite. (DGQ-Band 11-04:2009)

Strichliste

Datensammelblatt, welches das systematische Erfassen von Daten und Erkennen von Gesetzmäßigkeiten erleichtert. Siehe auch Fehlersammelliste.

S

STVM

Statistische Versuchsmethodik.

Supply Chain Management

Optimierung der Material-, Waren- und Informationsflüsse zwischen mehreren Partnern unter Einbeziehung der Logistikdienstleister.

Supply Chain Quality

Optimierung aller Elemente einer Wertschöpfungskette.

Supportprozess

Siehe Unterstützungsprozess.

SVP

Siehe Statistische Versuchsplanung.

SWOT

Strength – Weakness – Opportunity – Threats:
Stärken-Schwächen-Risiken-Chancen-Analyse.
Instrument der Situationsanalyse und Strategiefindung unter Einbeziehung von Stärken, Schwächen, Chancen und Risiken. Die SWOT-Analyse sammelt zunächst Informationen, um Stärken und Schwächen sowie Chancen und Risiken eines Unternehmens oder einer Organisation einschätzen zu können. Bei der Gegenüberstellung dieser Punkte ist zu beachten, dass sich Schwächen und Stärken sowie Chancen und Risiken gegenseitig bedingen können. Kleinere Unternehmen haben etwa eine höhere Flexibilität als Großunternehmen, zugleich schlechtere Möglichkeiten der Fremdkapitalbeschaffung. Daher lassen sich Schwächen häufig nicht abbauen, ohne zugleich vorhandene Stärken zu gefährden. Man unterscheidet SO-Strategien (Stärken des Unternehmens werden für neue Chancen genutzt, z. B. Neuentwicklung von Produkten), ST-Strategien (mit Stärken des Unternehmens werden Risiken abgebaut), WO-Strategien (Chancen werden durch Abbau von Schwächen genutzt) und WT-Strategien (durch Abbau von Schwächen werden Risiken reduziert).

Synektik-Sitzung

Kreativitätstechnik und Problemlösungsmethode für komplexe Aufgaben, die die unbewusst ablaufenden Denkprozesse anregt. Sie wurde von dem Amerikaner William Gordon entwickelt (1961). Scheinbar unzusammenhängende Tatbestände werden bei dieser Methode zusammengefügt. Das Problem wird durch Bildung von Analogien zunächst verfremdet, um dann durch Konfrontation mit unabhängigen Strukturen eine Verknüpfung zu finden, die zu überraschenden Lösungen führt. Vorgehensweise: 1. Problemanalyse und Definition, 2. Spontane Lösungen, 3. Neuformulierung des Problems hinsichtlich zentraler Punkte, 4. Bildung natürlicher Analogien, 5. Persönliche Analogien (Identifikation), 6. Symbolische Analogien (Kontradiktionen), 7. Direkte Analogien (Brainstorming), 8. Analyse der ausgewählten Analogien, 9. Übertragen auf das Ausgangsproblem, 10. Entwickeln von Lösungen.

System

Mehrere Elemente, die miteinander in Wechselbeziehung oder Wechselwirkung stehen. (In Anlehnung an DIN EN ISO 9000:2005)

Systemaudit

Instrument zur Beurteilung des Managementsystems in Bezug auf die Erfüllung der Unternehmenspolitik und der übergeordneten Regelwerke. Das Systemaudit läuft in folgenden Phasen ab: Vorbereitung, Unterlagenprüfung, Durchführung, Auditberichterstellung, Korrekturmaßnahmeneinleitung. Siehe Audit.

Systembewertung

Siehe Management-Review.

System-FMEA

Siehe Fehler-Möglichkeits- und Einfluss-Analyse.

Systemorientierter Managementansatz

Der systemorientierte Managementansatz zählt zu den acht Grundsätzen des Qualitätsmanagements (siehe Grundsätze des Qualitätsmanagements).

Taguchi

Der Japaner Genichi Taguchi (geb. 1924) gilt als Denker und bedeutende Persönlichkeit der Qualitätswissenschaft. Seine Tätigkeitsschwerpunkte waren die „Qualitätsverlustfunktion" und die „Versuchsplanung", auch bekannt unter dem Begriff „Design of Experiments".

Target Costing

Kostenplanungssystem. Die Planwerte werden auf Basis von Preisen abgeleitet, die auf dem Markt erzielbar sind. Für das Herunterbrechen der erlaubten Kosten (Zielkosten) ist es wesentlich, dass die Kundenerwartungen hinsichtlich Preis und Qualität bekannt sind.

Task Forces

Projektgruppen, die als „Feuerwehr" zur Problemlösung eingesetzt werden.

TAT

= Turn Around Time

TAT kann im Deutschen mit „Verweildauer" übersetzt werden. Im allgemeinen Sprachgebrauch wird TAT als Zeit definiert, in der ein Produkt einen Prozessschritt oder eine Kette von Prozessschritten durchläuft.

Beispiel: Durchlaufzeit eines defekten Gerätes in der Reparaturabteilung.

TC

Technical Committee. Arbeitsgruppe der ISO für Standards. Siehe ISO/TC 176.

TCS

Total Customer Satisfaction. Umfassende Kundenzufriedenheit.

Technische Regeln

Empfehlungen, Handlungsanleitungen oder Vorschläge, die aufzeigen, wie Gesetze, Verordnungen oder technische Sachverhalte umgesetzt werden können. Technische Regeln sind z. B. Normen des DIN, VDE-Bestimmungen, VDI-Richtlinien. Sie dienen im Wesentlichen der Sicherheit von Leben, Gesundheit und Sachgütern, dem Schutz der Umwelt sowie der Sicherung der Qualität von Produkten und Dienstleistungen.

Teilautonome Arbeitsgruppe

Die Teilnehmer einer Gruppe stellen im Hinblick auf eine gemeinsame Zielsetzung Teilerzeugnisse oder komplette Produkte oder Dienstleistungen in eigener Disposition und Verantwortung her. Dafür ist eine gewisse Autonomie erforderlich. Den einzelnen Gruppen werden Freiräume zugestanden, in denen sie selbstständig handeln und entscheiden können.

Teilgesamtheit

Teilmenge von einer Grundgesamtheit. (In Anlehnung an DIN 55350-14)

Teilprozess

Untergliederung von Kern-, Unterstützungs- oder Führungsprozessen bzw. Zusammenfassung von Tätigkeiten. Mehrere Teilprozesse bilden einen Hauptprozess.

Test

Merkmalswerte eines oder mehrere Merkmale, die nach einem Verfahren ermittelt werden. (In Anlehnung an DIN EN ISO 9000:2005)

TGA

Trägergemeinschaft für Akkreditierung GmbH, Frankfurt. Die Aufgaben der Akkreditierung wurden zum 01.01.2010 in der DAkkS als nationale Akkreditierungsstelle für die deutsche Wirtschaft in einer neuen Struktur gebündelt. Die TGA ist über die DGA in die DAkkS eingegangen.

Theory of Constraints

Engpass- oder Flaschenhals-Theorie. Die von dem amerikanischen Physiker Goldratt entwickelte Theorie besagt, dass jedes System in seiner Leistungsfähigkeit von mindestens einem Element eingeschränkt wird. Das System kann dann nachhaltig in seiner Gesamtleistung verbessert werden, wenn es als Ganzes betrachtet wird.

Third-Party Audits

Siehe Drittparteien-Audits.

Throughput Yield

Entgegen der Begrifflichkeit Ausbeute (Yield) berücksichtigt der Throughput Yield die Nacharbeit von fehlerhaften Teilen innerhalb der Produktion und rechnet diese nicht mit ein.
Demnach bestimmt der Throughput Yield die Anzahl der fehlerfreien Teile ohne Nacharbeit in den vorgelagerten Prozessschritten. Daher wird der Throughput Yield auch First Pass Rate genannt – die Anzahl von Teilen/Produkten, welche in einem Durchlauf (ohne Nacharbeit) die Produktion durchlaufen.

Time to Market

Zeit vom Entstehen einer Produktidee bis hin zur Einführung des fertigen Produkts auf dem Markt. Die Reduzierung dieser Zeit (Produktinnovation, Entwicklung, Produktion, Markteinführung, Vertrieb) ist entscheidend im Wettbewerb.

TL 9000

Qualitätsmanagementmodell für die Telekommunikationsindustrie. Dieser Standard ist eine Ergänzung und Anpassung der ISO 9001 an die Erfordernisse der Telekommunikation. Die Besonderheit ist die Einbindung von Messgrößen in ein Managementsystem. Kennzahlen müssen regelmäßig berichtet werden. Eine Zertifizierung nach TL 9000 geht grundsätzlich mit einer Zertifizierung nach ISO 9001 einher.

ToC

Siehe Theory of Constraints.

Toleranz

Höchstwert abzüglich Mindestwert. (In Anlehnung an DIN 55350-12)

Toleranzbereich

Bereich zugelassener Merkmalswerte, der sich zwischen Mindest- und Höchstwert befindet. (In Anlehnung an DIN 55350-12)

Tools of Quality

Siehe Qualitätswerkzeuge.

Total Productive Maintenance

System der Instandhaltung von Produktionsmitteln. Hinter diesem Begriff aus dem Japanischen steckt die Philosophie, dass der Maschinenbediener die Gesamtverantwortung für die Funktionsfähigkeit seines Arbeitsplatzes trägt. Dazu zählen Maschinen, Werkzeuge sowie die Tätigkeiten der Instandhaltung.

Total Quality Control

Qualitätsstrategie, die das gesamte Unternehmen umfasst und sich an den Kundenbedürfnissen ausrichtet. Siehe Feigenbaum.

Total Quality Management

Die konzentrierte Ausrichtung aller Unternehmensaktivitäten auf (absolute) Qualität und Zuverlässigkeit aus Sicht der Kunden im Einklang mit den übrigen Unternehmenszielen. Im Einzelnen wird angestrebt: eine optimale Wettbewerbssituation durch Verbesserung der Qualität bei Produkten und Dienstleistungen, die Verbesserung der Relation zwischen Kosten und Erträgen und eine Stärkung von Engagement und Qualifikation der Mitarbeiter. Der Weg dorthin führt über eine Analyse des Ist-Zustands, über das Erkennen von Schwachstellen bis zu deren vollständiger Eliminierung, über die ständige Verpflichtung zur Verbesserung im gesamten Unternehmen und über eine systematische Gestaltung der Umweltbeziehungen (natürliche und gesellschaftliche Umwelt). Erfolg durch TQM basiert auf dem Einsatz systematischer Methoden und Werkzeuge und der aktiven Beteiligung aller Mitarbeiter. Aus dieser Selbstdefinition des Total Quality Management ist leicht ersichtlich, dass es mehr als eine Unternehmensphilosophie zu verstehen ist, die gelebt werden muss, um ihre Umsetzung zu motivieren.

TPM

Siehe Total Productive Maintenance.

TPS

Toyota Production System.

TQC

Siehe Total Quality Control.

TQM

Siehe Total Quality Management.

TS

Technische Spezifikation.

TTFF

Time To First Failure (siehe OTTF). Die Betriebsdauer bis zum ersten Ausfall.

Typprüfung

Eignungsprüfung, die an einem Produkt durchgeführt wird. (In Anlehnung an DIN 55350-17)

Übersichtsdiagramm

Darstellung der Start- und Endpunkte eines Prozesses. Diese Übersicht konzentriert sich auf die oberste Ebene der Prozessdarstellung.

Überwachung

Fortlaufende Ermittlung. (DGQ-Band 11-04:2009)

Überwachungsaudit

Audit (engl. surveillance audit), das vorwiegend jährlich durch die Zertifizierungsgesellschaft durchgeführt wird, um das QM-System der Organisation zu überwachen. Regelmäßige Überwachungsaudits sind die Voraussetzung dafür, dass das Zertifikat während der Laufzeit seine Gültigkeit behält. Diese Audits haben meist einen geringeren Umfang als das Zertifizierungsaudit.

UIT

Union internationale des télécommunications. Siehe ITU.

UKAS

United Kingdom Accreditation Service. Nationale britische Akkreditierungsstelle.

Umfassendes Qualitätsmanagement

In allen Bereichen einer Organisation angewendetes Qualitätsmanagement. Siehe auch Total Quality Management.

UMS

Siehe Umweltmanagementsystem.

Umwelt

Die natürliche und vom Menschen veränderte Umwelt, in der sich eine Organisation oder ein Unternehmen betätigen (Luft, Wasser, Boden, Flora, Fauna, natürliche Ressourcen).

Umweltmanagement

Alle Planungen und Maßnahmen, die den von Belangen und Perspektiven des Umweltschutzes geprägten Umgang mit der natürlichen Umwelt betreffen. Umweltschutz ist gesetzlich auf nationaler Ebene, im Rahmen europäischer Richtlinien und internationaler Abkommen normiert. Umweltmanagement beinhaltet daher heute vordringlich die Erfüllung zahlreicher Anforderungen und Auflagen. Die neuere Managementtheorie definiert Umweltmanagement auch als Analyse, Steuerung und Planung aller Außenbeziehungen des Systems Unternehmen.

Umweltmanagementsystem

Der Teil des Managementsystems, dem die Umsetzung der betrieblichen Umweltpolitik obliegt, welche heute großteils nationalen, europäischen oder internationalen Gesetzen und Richtlinien zu folgen hat. Basis sind anleitende Normen wie etwa die Umweltmanagementnorm DIN EN ISO 14001. Diese enthalten Anforderungen, wie die schriftliche Festlegung einer betrieblichen Umweltpolitik (darin muss die Einhaltung von Anforderungen des Umweltrechts enthalten sein) und die Angabe von Verantwortlichen für umweltrelevante Aufgaben. Viele Organisationen lassen ihr UMS von externen Gutachtern zertifizieren, um in der Öffentlichkeit und bei Kunden ihre ökologische Glaubwürdigkeit zu erhöhen.

Unklarzeit

Zeitintervall, während dessen eine Einheit in nicht verfügbarem Zustand wegen interner Ursachen ist.

Anmerkung: Klarzeitintervall und Unklarzeit (intervall) zusammen ergeben jeweils das ganze Intervall der Anwendungsdauer zwischen zwei aufeinander folgenden Ausfällen bei instandzusetzenden Produkten, wobei in der Klarzeit Betriebspausen enthalten sein können. (DGQ-Band 11-04:2009)

Untere Grenzabweichung

Mindestwert abzüglich Bezugswert. (In Anlehnung an DIN 5530-12)

Unterstützungsprozess

Prozesse (auch Supportprozesse), die unterstützende Aufgaben für die Kernprozesse erfüllen. Sie begleiten die Kernprozesse, liefern Daten und Informationen oder regeln verwaltungstechnische Abläufe. Sie besitzen keinen unmittelbar wertschöpfenden Charakter und der Kunde ist nicht bereit, direkt für Unterstützungsprozesse zu bezahlen. Allerdings kann ihre Aufrechterhaltung ebenso wichtig sein wie die von Kernprozessen (siehe Schlüsselprozess). Beispiel: Ein funktionierendes EDV-System hat zur Datenverwaltung in Banken strategische Bedeutung.

Ursache-Wirkungs-Diagramm

Siehe Ishikawa-Diagramm.

Validierung

Bestätigung durch Vorlage eines objektiven Nachweises, dass die Anforderungen für einen spezifischen vorgesehenen Gebrauch oder eine spezifische vorgesehene Anwendung erfüllt sind. Mit dem Begriff „validiert" wird der entsprechende Status bezeichnet. Die Anwendungsbedingungen für Validierung können sowohl real als auch simuliert sein. (In Anlehnung an DIN EN ISO 9000:2005)

Value added

= wertschöpfend

Diese Klassifizierung wird in der Erstellung einer Process Map verwendet, um Prozessschritte im Hinblick auf ihren Beitrag zum Prozess zu beurteilen. Dabei wird unterschieden zwischen ‚value added' und ‚non value added' (nicht wertschöpfend).

Wertschöpfend ist ein Prozessschritt dann, wenn das Produkt

→ sich verändert und

→ der Kunde dafür zahlen würde,

→ dieser Prozessschritt aufgrund gesetzlicher Vorschriften oder zur Sicherheit des Kunden vorgeschrieben ist.

Variable Daten

Siehe Quantitative Daten.

Variable Kosten

Teil der (Gesamt-)Kosten, der sich mit der Beschäftigung ändert. Diese Kosten werden auch veränderliche Kosten oder beschäftigungsabhängige Kosten genannt.

Variablenprüfung

Annahmestichprobenprüfung. Die Annehmbarkeit des Prüfloses wird auf Basis der Istwerte eines quantitativen Merkmals festgestellt, die an den Stichprobeneinheiten ermittelt werden. (In Anlehnung an DIN 55350-31)

Varianz

Maß für die Abweichung einer Zufallsvariable von ihrem Erwartungswert. Die Berechnung erfolgt, indem die Summe der quadrierten Abweichungen vom Mittelwert durch die Anzahl der Messwerte geteilt wird.

VDA
Verband der Automobilindustrie e.V., Frankfurt.

VDA-QMC
Verband der Automobilindustrie – Qualitäts Management Center. www.vda-qmc.de

VDE
Verband der Elektrotechnik Elektronik Informationstechnik e.V., Frankfurt.

VDI
Verein Deutscher Ingenieure, Düsseldorf.

Verfahren
Festgelegte Art und Weise zur Ausführung einer Tätigkeit oder eines Prozesses. Verfahren müssen nicht zwingend dokumentiert sein. Es gibt jedoch durch die Norm geforderte Pflichten, bestimmte Verfahren zu dokumentieren. Sie werden oft als „schriftlich niedergelegtes Verfahren" oder als „dokumentiertes Verfahren" bezeichnet. Das Dokument, das ein Verfahren beschreibt, kann „Verfahrensdokument" genannt werden. (In Anlehnung an DIN EN ISO 9000:2005)

Verfahrensanweisung
Anweisung, die ein dokumentiertes Verfahren beschreibt. Siehe auch Verfahrensdokument.

Verfahrensaudit
Instrument, um sich von der Zweckmäßigkeit bzw. Wirksamkeit festgelegter Verfahren und Vorgehensweisen sowie von der Einhaltung von Verfahren zu überzeugen. Es konzentriert sich darauf zu untersuchen, auf welche Art und Weise ein bestimmter Prozessschritt praktiziert wird. Siehe Audit.

Verfahrensdokument
Dokument, das ein Verfahren beinhaltet. In diesem Dokument wird die Art und Weise, wie ein Prozess oder eine Tätigkeit auszuführen ist, beschrieben oder dargestellt.

Verfahrenstechnisches Produkt
Siehe Produkt.

Verifizierung

Bestätigung durch Vorlage eines objektiven Nachweises, dass festgelegte Anforderungen erfüllt sind. Mit dem Begriff „verifiziert" wird der entsprechende Status bezeichnet. Aus folgenden Tätigkeiten können Bestätigungen beispielsweise bestehen: Alternative Berechnungen, Vergleich einer neuen Entwicklungsspezifikation mit einer schon bewährten Entwicklungsspezifikation, Tests und Demonstrationen sowie Bewerten von Dokumenten, bevor sie veröffentlicht werden. (In Anlehnung an DIN EN ISO 9000:2005)

Verordnung (EG) Nr. 761/2001

Siehe EMAS. Diese Verordnung wurde mit der Verordnung (EG) Nr. 1221/2009 vom 25.11.2009 aufgehoben.

Verordnung (EG) Nr. 1221/2009

Siehe EMAS. Diese Verordnung ersetzt die Verordnung (EG) Nr. 761/2001 und trat am 11.01.2010 in Kraft.

Versagen

Nichterfüllung von Forderungen. (DGQ-Band 11-04:2009)

Verschrottung

Maßnahme an einem fehlerhaften Produkt mit dem Ziel, den eigentlich beabsichtigten Gebrauch auszuschließen (z. B. Recycling, Zerstörung). Der Gebrauch wird bei einer fehlerhaften Dienstleistung durch die Einstellung der (Erbringung der) Dienstleistung ausgeschlossen. (In Anlehnung an DIN EN ISO 9000:2005)

Verschuldenshaftung

Ein Schaden kann dem Verursacher direkt zugeordnet werden. Verpflichtung zum Schadenersatz auf Grund gesetzlicher Bestimmungen, die ein schuldhaftes Verhalten in Form von Vorsatz oder Fahrlässigkeit voraussetzen.

Verschwendung

Siehe Muda.

Verschwendungsarten

Siehe Muda.

Verteilung

Aussage darüber, wie sich die Wahrscheinlichkeiten auf die Zahlenwerte von Zufallsgrößen verteilen. Auch qualitative Bezeichnung für den Zusammenhang von Istwerten und den ihnen zugeordneten Besetzungszahlen, den summierten Besetzungszahlen, den Häufigkeiten, Häufigkeitsdichten oder Häufigkeitssummen. (In Anlehnung an DIN 55350-21)

Vertrag

Verpflichtende oder verbindliche Vereinbarung. (In Anlehnung an DIN EN ISO 9000:2005)

Verträglichkeit

Siehe Kompatibilität.

Vertrauensbereich

Schätzbereich, der aus Ergebnissen von Stichproben berechnet wird. Der Schätzbereich schließt den unbekannten wahren Wert des Parameters, der zu schätzen ist, auf dem vorgegebenen Vertrauensniveau ein. (In Anlehnung an DIN 55350-24)

Vertrauensniveau

Für die Berechnung eines Vertrauensbereichs oder eines statistischen Anteilsbereichs gewünschter und vorgegebener Mindestwert der Wahrscheinlichkeit. (In Anlehnung an DIN 55350-24)

Verwandtschaftsdiagramm

Siehe Affinitätsdiagramm.

Vision

Der von der European Foundation for Quality Management verwendete Begriff zur Bezeichnung von Formulierungen, die beschreiben, wie ein Unternehmen oder eine Organisation in der Zukunft zu sein wünscht. Visionen fungieren als Leitbilder, die konkrete Strategien, Planungen und Maßnahmen anleiten, jedoch selbst die zukünftige Gestalt des Unternehmens nur in groben Zügen umreißen. Aufgabe der Visionen ist die Skizzierung und Konturierung von Möglichkeiten im Sinne eines offenen Horizonts.

Visuelle Synektik
Kreativitätstechnik. Variation der klassischen Synektik, die mit Bildpräsentationen und Beschreibungen arbeitet. Die optische Wahrnehmung dient als Stimulus, die Assoziationen hervorzurufen. Siehe Synektik-Sitzung.

VOC (siehe auch Kundenanforderung)
= „Voice of the Customer"
= „Stimme des Kunden"
Begrifflichkeit aus Six Sigma, steht für die Wünsche/Bedürfnisse des Kunden, die in konkrete Vorgaben für ein Unternehmen hinsichtlich Kosten, Zeit und Qualität umzusetzen sind. Dabei unterteilen sich die Kunden in interne (z. B. andere Abteilungen) oder externe Kunden (z. B. Endkunden).

Voraudit
Audit (engl. preliminary audit), das der Vorbeurteilung und Klärung offener Fragen zur Darlegung des QM-Systems dient. Mögliche Schwachstellen können rechtzeitig vor dem (Zertifizierungs-)Audit erkannt und behoben werden. Das Voraudit kann auf Wunsch des Auftraggebers durchgeführt werden.

Vorausschauende Instandhaltung
Tätigkeiten, die aus Prozessdaten abgeleitet und darauf gerichtet sind, Instandhaltungsprobleme durch Vorhersage möglicher Ausfallarten zu vermeiden. (In Anlehnung an ISO/TS 16949:2009)

Vorbeugende Instandhaltung
Geplante Tätigkeiten als Ergebnis der Produktionsprozessentwicklung, um Ausfallursachen von Anlagen zu beseitigen und nicht planmäßige Unterbrechungen der Produktion zu verhindern. (In Anlehnung an ISO/TS 16949:2009)

Vorbeugungsmaßnahme
Maßnahme, um die Ursache eines potenziellen Fehlers oder einer anderen möglichen, unerwünschten Situation dauerhaft abzustellen. Häufig gibt es mehrere Ursachen für einen aufgetretenen Fehler. Eine Vorbeugungsmaßnahme dient dazu, das Auftreten eines Fehlers zu verhindern während eine **Korrekturmaßnahme** das erneute Auftreten des Fehlers abwenden soll. (In Anlehnung an DIN EN ISO 9000:2005)

V

Vorgabedokument

Dokument mit Forderungen an das Angebotsprodukt und Anweisungen an auszuführende Tätigkeiten. (DGQ-Band 11-04:2009)

Vorschlagswesen

Siehe Betriebliches Vorschlagswesen.

Vorschrift

Von einer Behörde erstelltes Dokument mit verbindlichen, rechtlichen Festlegungen. (In Anlehnung an DIN EN 45020)

Wahrer Wert

Tatsächlicher Merkmalswert, der unter den bei der Messung herrschenden Bedingungen ermittelt wurde. (In Anlehnung an DIN 55350-13)

Wahrscheinlichkeit

P = Anzahl der günstigen Fälle/Anzahl der möglichen Fälle.

Wahrscheinlichkeitsfunktion

Funktion, die jedem Wert eine Wahrscheinlichkeit zuweist, den eine diskrete Zufallsgröße annehmen kann. (In Anlehnung an DIN 55350-21)

Wahrscheinlichkeitsnetz

Formblatt zur grafischen Darstellung von Wahrscheinlichkeitsverteilungen zwecks deren vereinfachter Analyse. (DGQ-Band 11-04:2009)

Wahrscheinlichkeitsverteilung

Verteilung einer Zufallsgröße. (DGQ-Band 11-04:2009)

Warngrenze

Höchst- oder Mindestwert, der in einer Qualitätsregelkarte verzeichnet ist. Wird dieser Wert durch den Kennwert über- oder unterschritten, führt dies meist zu einer verstärkten Überwachung des Prozesses. (In Anlehnung an DIN 55350-33)

Wartung

Als Wartung werden Maßnahmen zur Bewahrung des Sollzustands, als Inspektion Maßnahmen zur Beurteilung des Ist-Zustands und als Instandsetzung Maßnahmen zur Wiederherstellung des Sollzustands bezeichnet. Alle Maßnahmen werden zum Begriff Instandhaltung zusammengefasst.

Wechselwirkungen von Prozessen

Prozesse, die sich gegenseitig beeinflussen. Als prozessorientierter Ansatz wird in der DIN EN ISO 9000:2005 die Anwendung eines Systems von Prozessen in Verbindung mit dem Erkennen und den Wechselwirkungen dieser Prozesse sowie deren Management bezeichnet.

Wechselwirkungsdiagramm

Siehe Interaction plot.

Wertschöpfung
Differenz zwischen dem Wert eines Produkts vor und nach der Herstellung.

WHO
World Health Organization. Weltgesundheitsorganisation.

Wiederholungsaudit
Audit, das vor Ablauf der Gültigkeitsdauer des Zertifikats durchgeführt wird, um erneut die Wirksamkeit des QM-Systems und seine Übereinstimmung mit der Norm gegenüber dem Zertifizierer nachzuweisen. Siehe auch Re-Zertifizierung.

Wiederholungsprüfung
Qualitätsprüfung, die stattfindet, wenn in einer der vorausgegangenen, zugelassenen Qualitätsprüfungen ein unerwünschtes Ergebnis an einer Einheit (gleicher Art oder an einer nachgebesserten Einheit) festgestellt wurde. (In Anlehnung an DIN 55350-17)

Wiederkehrende Prüfung
Qualitätsprüfung, die jeweils erneut (wiederkehrend) an ein- und derselben Einheit (in einer Folge von vorgesehenen Qualitätsprüfungen) durchgeführt wird. (In Anlehnung an DIN 55350-17)

Wirksamkeit
Grad des Erfolgs, der angibt, inwieweit geplante Tätigkeiten verwirklicht und geplante Ergebnisse erreicht werden. (In Anlehnung an DIN EN ISO 9000:2005)

Wissensmanagement

Die Art und Weise, in der eine Organisation den zielgerichteten Umgang mit theoretischem und praktischem Wissen betreibt. Das Wissensmanagement prüft in der Regel, welches Wissen in welchem Umfang bei welcher Funktion benötigt wird und stellt es in geeigneter Form zur Verfügung. Zu unterscheiden sind explizites Wissen (lässt sich formal in Sprache, Daten, Bildern usw. fassen und weitergeben) und implizites Wissen (entsteht primär in persönlicher Erfahrung und ist formal schwer zu fixieren). Aufgaben umfassen die Definition von Wissenszielen, die Organisation des Wissenserwerbs, die Förderung des Austauschs von Wissen, die Sorge für Wissensbewahrung und Kontrolle der Wissensnutzung. In der neueren Managementtheorie wird Wissensmanagement zunehmend als Förderung der Lernfähigkeit der Organisation verstanden, strikt hierarchische Ordnung und Weitergabe des Wissens dagegen kritisiert. Anzustreben sei eine intelligente, Wissen generierende und entscheidungsfähige Organisation. Wissensmanagement betreibt dann weniger die Vorstrukturierung des Wissens, stattdessen die Schaffung einer Organisationskultur, die Lernen wie Kreieren und Umsetzen von Wissen begünstigt.

Workflow

Modellierter Arbeitsablauf, der operative Arbeitsschritte genau beschreibt.

Würfeldiagramm

Siehe Cube Plot.

XYZ-Analyse

Verfahren der Materialwirtschaft, um den Verbrauch zu prognostizieren. Es wird zur Bedarfsplanung, Lagerplanung und Kalkulation eingesetzt. Güter oder Artikel werden in Bezug auf ihre Umsatzregelmäßigkeit klassifiziert. Produkte, die regelmäßig in konstanten Stückzahlen verkauft werden, werden als X-Artikel bezeichnet. Zur Y-Klasse zählen Produkte, die stärkeren Schwankungen im Verbrauch (beispielsweise Saisonware) unterliegen. Als Z-Klasse gelten solche Artikel, deren Verkauf sehr unregelmäßig oder sogar stochastisch verläuft.

Yellow Belt

Projektleiter für einfache Six Sigma-Verbesserungsprojekte. Mit Hilfe dieser kleineren, auf das Notwendige reduzierten Projekte sollen diese Mitarbeiter in die Six Sigma-Philosophie integriert werden und es sollen ihnen anwendbare Werkzeuge an die Hand gegeben werden. Mithilfe dieser Werkzeuge können sie täglich anfallende Probleme und Herausforderungen strukturiert und systematisch bewältigen. Die erarbeiteten Projektergebnisse werden an den Prozessverantwortlichen übergeben.

Yield

Siehe Ausbeute

2-sample t-test

Statistikwerkzeug im Bereich Hypothesentests, um die Mittelwerte zweier Grundgesamtheiten anhand von Stichprobenentnahmen zu überprüfen.

Beispiel: Ihr Unternehmen kann eine bestimmte Lieferzeitvorgabe nicht immer einhalten und es ist zu untersuchen, welche Einflussfaktoren für die Streuung verantwortlich sind.

Zentralwert

Siehe Median.

Zero Defects Concept

Siehe Null-Fehler-Programm.

Zertifikat

Dokument, das nach den Regeln eines Zertifizierungssystems ausgestellt wird, um Vertrauen zu schaffen, dass ein eindeutig beschriebenes Produkt oder ein eindeutig beschriebener Prozess mit einer festgelegten Norm oder einem anderen normativen Dokument konform ist. (DGQ-Band 11-04:2009)

Zertifizierung

Vorgang, um die Wirksamkeit und Funktionsfähigkeit eines Managementsystems nachzuweisen. Eine neutrale (Zertifizierungs)-Stelle untersucht mithilfe eines Audits, ob bzw. inwieweit bestimmte Anforderungen (Normgrundlage) erfüllt sind. Im positiven Fall wird ein Zertifikat erteilt. Der Begriff „Zertifizierung" leitet sich vom lateinischen Wort „certus facere" ab, was soviel bedeutet wie „sicher (zuverlässig) machen".

Zertifizierungsstelle

Unternehmen, das Zertifizierungen durchführt.

Ziel

Teil der Politik, der festlegt, was durch die Organisation oder durch Teile der Organisation zu erreichen ist. (DGQ-Band 11-04:2009)

ZLG

Zentralstelle der Länder für Gesundheitsschutz bei Arzneimitteln und Medizinprodukten, Bonn. Anerkennende und benennende Behörde im Medizinproduktebereich.

ZLS

Zentralstelle der Länder für Sicherheitstechnik, München. Anerkennende und benennende Stelle gemäß GPSG im Bereich der Sicherheitstechnik.

ZP

Zerstörungsfreie Prüfung.

Zufällige Messabweichung

Nicht beherrschbare, zufällige Abweichung des Messergebnisses vom Erwartungswert. (In Anlehnung an DIN 1319-1)

Zufallsgröße

Größe, deren Wertebereich bekannt ist, von der aber unbekannt ist, welchen Merkmalswert sie zufällig im Einzelfall annimmt. DGQ-Band 11-04:2009)

Zufallsprobenahme

Probenahme, die nach einem Zufallsverfahren durchgeführt wird. Hierbei wird jeder möglichen Kombination von Auswahleinheiten eine vorgegebene Auswahlwahrscheinlichkeit zugewiesen. (In Anlehnung an DIN 55350-13)

ZSB

= Zufallsstreubereich

Der Bereich, in dem die aus der Grundgesamtheit genommenen Stichproben und deren Ergebnisse nur zufallsbedingt streuen.

Zustand

Beschaffenheit einer Einheit zu einem bestimmten Zeitpunkt der Betrachtung. (In Anlehnung an DIN 40041)

Zuständigkeit

Teil der Kompetenz, der festlegt, welche Tätigkeiten auszuüben sind.

Anmerkung: Zu den Tätigkeiten gehört auch das Treffen von Entscheidungen. (DGQ-Band 11-04:2009)

Zuständigkeitsdiagramm

Darstellung aller notwendigen Prozessdetails. Der Fluss wird so aufgeteilt, dass alle Prozessschritte, die zu einer Person, Abteilung oder Firma (bzw. Zuständigkeitsbereich) gehören, in einen eigenen Bereich des Diagramms gezeichnet werden. Es eignet sich besonders gut, um Probleme zu visualisieren, denen strukturelle Ursachen zugrunde liegen.

Zuverlässigkeit

Zusammenfassender Ausdruck, der die Verfügbarkeit und ihre Einflussfaktionen „Funktionsfähigkeit", „Instandhaltbarkeit" und „Instandhaltungsbereitschaft" beschreibt. (In Anlehnung an DIN EN ISO 9000:2005)

Zuverlässigkeitsanforderung

Teil der Qualitätsanforderung hinsichtlich des Verhaltens einer Einheit bezüglich ihrer Zuverlässigkeit während oder nach vorgegebenen Zeitspannen bei vorgegebenen Anwendungsbedingungen. (In Anlehnung an DIN 55350-11)

Zweitparteien-Audits

Unter Zweitparteien-Audits werden Audits von Kunden oder im Auftrag des Kunden verstanden (Lieferantenaudits). Zweitparteien-Audits sind externe Audits und werden gelegentlich auch Second-Party Audits genannt. (In Anlehnung an DIN EN ISO 9000:2005)

z-Wert

Siehe Sigma-Wert – mathematische Begriffsbestimmung zum Sigma-Wert.

Zwischenprüfung

Qualitätsprüfung, die während der Herstellung oder Bearbeitung einer Einheit durchgeführt wird. (In Anlehnung an DIN 55350-17)

BS IEC 60050: Internationales Elektrotechnisches Wörterbuch, Januar 1999. Berlin: Beuth Verlag 1999.

DIN 1319-1: Grundlagen der Messtechnik – Teil 1: Grundbegriffe, Januar 1995. Berlin: Beuth Verlag 1995.

DIN 1319-2: Grundlagen der Messtechnik – Teil 2: Begriffe für Messmittel, Oktober 2005. Berlin: Beuth Verlag 2005.

DIN 31000-2: Allgemeine Leitsätze für das sicherheitsgerechte Gestalten technischer Erzeugnisse – Begriffe der Sicherheitstechnik Grundbegriffe, Dezember 1987. Berlin: Beuth Verlag 1987.

DIN 55350 Beiblatt 1: Begriffe zu Qualitätsmanagement – Teil 11: Ergänzung zu DIN EN ISO 9000:2005, Mai 2008. Berlin: Beuth Verlag 2008.

DIN 55350-11: Begriffe zum Qualitätsmanagement – Teil 11: Ergänzung zu DIN EN ISO 9000:2005, Mai 2008. Berlin: Beuth Verlag 2008.

DIN 55350-12: Begriffe der Qualitätssicherung und Statistik; Merkmalsbezogene Begriffe, März 1989. Berlin: Beuth Verlag 1989.

DIN 55350-13: Begriffe der Qualitätssicherung und Statistik; Begriffe zur Genauigkeit von Ermittlungsverfahren und Ermittlungsergebnissen, Juli 1987. Berlin: Beuth Verlag 1987.

DIN 55350-14: Begriffe der Qualitätssicherung und Statistik; Begriffe der Probenahme, Dezember 1985. Berlin: Beuth Verlag 1985.

DIN 55350-15: Begriffe der Qualitätssicherung und Statistik; Begriffe zu Mustern, Februar 1986. Berlin: Beuth Verlag 1986.

DIN 55350-17: Begriffe der Qualitätssicherung und Statistik; Begriffe der Qualitätsprüfungsarten, August 1988. Berlin: Beuth Verlag 1988.

DIN 55350-18: Begriffe der Qualitätssicherung und Statistik – Begriffe zu Bescheinigungen über die Ergebnisse von Qualitätsprüfungen; Qualitätsprüf-Zertifikate, Juli 1987. Berlin: Beuth Verlag 1987.

DIN 55350-21: Begriffe der Qualitätssicherung und Statistik; Begriffe der Statistik; Zufallsgrößen und Wahrscheinlichkeitsverteilungen, Mai 1982. Berlin: Beuth Verlag 1982.

DIN 55350-22: Begriffe der Qualitätssicherung und Statistik; Begriffe der Statistik; Spezielle Wahrscheinlichkeitsverteilungen, Februar 1987. Berlin: Beuth Verlag 1987.

DIN 55350-23: Begriffe der Qualitätssicherung und Statistik; Begriffe der Statistik; Beschreibende Statistik, April 1983. Berlin: Beuth Verlag 1983.

DIN 55350-24: Begriffe der Qualitätssicherung und Statistik; Begriffe der Statistik; Schließende Statistik, November 1982. Berlin: Beuth Verlag 1982.

DIN 55350-31: Begriffe der Qualitätssicherung und Statistik; Begriffe der Annahmestichprobenprüfung, Dezember 1985. Berlin: Beuth Verlag 1985.

DIN 55350-33: Begriffe zu Qualitätsmanagement und Statistik; Begriffe der statistischen Prozesslenkung (SPC), September 1993. Berlin: Beuth Verlag 1993.

DIN EN 45020: Normung und damit zusammenhängende Tätigkeiten – Allgemeine Begriffe, März 2007. Berlin: Beuth Verlag 2007.

DIN EN ISO 19011: Leitfaden zur Auditierung von Managementsystemen, Dezember 2011. Berlin: Beuth Verlag 2011.

DIN EN ISO 9000: Qualitätsmanagementsysteme – Grundlagen und Begriffe, Dezember 2005. Berlin: Beuth Verlag 2005.

DIN EN ISO 9001: Qualitätsmanagementsysteme – Anforderungen. Dezember 2008.

DIN EN ISO 9004: Leiten und Lenken für den nachhaltigen Erfolg einer Organisation – Ein Qualitätsmanagementansatz, Dezember 2009. Berlin: Beuth Verlag 2009.

Haselbacher, Manfred / Prax, Franz / Vogt, Ulrike / Wuksch, Dietmar: Prozessmanagement. Leitfaden für Organisationen. 2. Auflage, Frankfurt, 2002. Berlin.

ISO 3534-1: Statistik – Begriffe und Formelzeichen – Teil 1: Wahrscheinlichkeit und allgemeine statistische Begriffe, Oktober 2006. Berlin: Beuth Verlag 2006.

ISO/TS 16949: Technische Spezifikation. (DIN SPEC 1115:2009-11) Qualitätsmanagementsysteme. Besondere Anforderungen bei Anwendung von ISO 9001:2008 für die Serien- und Ersatzteil-Produktion in der Automobilindustrie (ISO/TS 16949:2009). Berlin: Beuth Verlag 2009.

Kaminske, Gerd F. / Brauer, Jörg-Peter: Qualitätsmanagement von A bis Z. 5. Auflage. Berlin, 2006.

Leonhard, Karl-Wilhelm / Naumann, Peter, Odin, Andreas: Managementsysteme – Begriffe. Ihr Weg zu klarer Kommunikation. DGQ-Band 11-04. Frankfurt, 2009.

Qualitätsmanagement-Beauftragter: Seminarunterlagen der TÜV SÜD Akademie GmbH, Stand Dezember 2008.

Qualitätsmanagement-Fachkraft: Seminarunterlagen der TÜV SÜD Akademie GmbH, Stand Dezember 2008.

Qualitätsmanager. Seminarunterlagen der TÜV SÜD Akademie GmbH, Stand Juli 2001.

Zollondz, Hans-Dieter (Hrsg.): Lexikon Qualitätsmanagement. Handbuch des modernen Managements auf der Basis des Qualitätsmanagements. Oldenburg 2001.

Ulrike Vogt

Jahrgang 1965, Diplom-Betriebswirtin (BA Lörrach), Master of Arts (Organization Studies an der Universität Hildesheim). Nach ihrer Tätigkeit im Bereich Organisationsberatung im Transportgewerbe und der Weiterbildung zur Fachauditorin und EOQ Quality Systems Manager führte sie ihre berufliche Laufbahn zur DQS GmbH Deutsche Gesellschaft zur Zertifizierung von Managementsystemen. Hier war sie in den Bereichen Marketing, Vertrieb und Kundenbetreuung tätig. Zu den Schwerpunkten ihrer Arbeit zählten neben den Bereichen Prozessmanagement und Kundenzufriedenheit die Durchführung von Audits nach ISO- und TQM-Standards sowie die Gestaltung von Auditoren-Trainings.

Ab 2004 leitete sie das Training Center Rhein-Main der TÜV SÜD Akademie GmbH, ab 2006 war sie zudem Regionalleiterin der TÜV SÜD Akademie GmbH. Dort lagen ihre Arbeitsbereiche vor allem im Vertrieb und auf dem Gebiet der Organisationsentwicklung. Danach war Ulrike Vogt für die Ausbildung, Weiterbildung und Personalentwicklung der A.T.U Auto-Teile Unger mit rund 12.000 Mitarbeitern als Leiterin der A.T.U Academy verantwortlich. Seit April 2011 leitet sie den Bereich Marketing & Vertrieb der TÜV SÜD Management Service GmbH. Daneben führt sie seit Jahren auch als Auditorin der TÜV SÜD Management Service GmbH Zertifizierungsaudits durch.